畜禽疾病中兽医辨证论治系列丛书

U0348212

锦心问诊

吴国彬　王秀敏　白东东　主编

中国农业科学技术出版社

图书在版编目（CIP）数据

锦心问诊 / 吴国彬，王秀敏，白东东主编. --北京：中国
农业科学技术出版社，2023.9

ISBN 978-7-5116-6406-8

Ⅰ.①锦… Ⅱ.①吴… ②王… ③白… Ⅲ.①中兽医学—
兽用药 Ⅳ.①S853.76

中国国家版本馆CIP数据核字（2023）第 160283 号

责任编辑	张诗瑶
责任校对	贾若妍　李向荣
责任印制	姜义伟　王思文

出 版 者	中国农业科学技术出版社
	北京市中关村南大街 12 号　　邮编：100081
电　　话	（010）82106625（编辑室）　　（010）82109702（发行部）
	（010）82109709（读者服务部）
网　　址	https:// castp.caas.cn
经 销 者	各地新华书店
印 刷 者	北京地大彩印有限公司
开　　本	185 mm×260 mm　1/16
印　　张	9
字　　数	197 千字
版　　次	2023 年 9 月第 1 版　　2023 年 9 月第 1 次印刷
定　　价	68.00 元

《锦心问诊》
编审人员

主　　编　吴国彬（北京生泰尔科技股份有限公司）

李　　　　王秀敏（北京生泰尔科技股份有限公司）

李　　　　白东东（北京生泰尔科技股份有限公司）

副 主 编　（按姓氏笔画排序）

于　江（赤峰市农牧业综合检验检测中心）

李玉保（聊城大学）

李福元（北京生泰尔科技股份有限公司）

郝天斌（赤峰市动物疫病预防控制中心）

胡家辉（上海市松江区动物疫病预防控制中心）

贺亚奇（北京生泰尔科技股份有限公司）

郭延生（宁夏大学）

魏建平（辽宁宏发食品有限公司）

参 编 （按姓氏笔画排序）

丁　宁（北京生泰尔科技股份有限公司）

于松林（北京生泰尔科技股份有限公司）

马绍航（北京生泰尔科技股份有限公司）

王　莹（河北滦平华都食品有限公司）

王　硕（北京生泰尔科技股份有限公司）

王顺山（北京生泰尔科技股份有限公司）

王保山（北京生泰尔科技股份有限公司）

牛继超（北京生泰尔科技股份有限公司）

毛强伟（北京生泰尔科技股份有限公司）

石小平（北京生泰尔科技股份有限公司）

付　栋（北京生泰尔科技股份有限公司）

付　洋（北京生泰尔科技股份有限公司）

仝其宝（北京生泰尔科技股份有限公司）

朱秋华（铁岭树芽养殖有限公司）

任　添（北京生泰尔科技股份有限公司）

伦志伟（北京生泰尔科技股份有限公司）

刘　洋（昌邑市畜牧业发展中心）

刘英杰（北京生泰尔科技股份有限公司）

刘建超（北京生泰尔科技股份有限公司）

闫福才（北京生泰尔科技股份有限公司）

杜恬静（北京生泰尔科技股份有限公司）

李小江（北京生泰尔科技股份有限公司）

李立云（北京生泰尔科技股份有限公司）

李佳惠（北京生泰尔科技股份有限公司）

李贵民（北京生泰尔科技股份有限公司）

杨宝新（北京生泰尔科技股份有限公司）

吴　峰（北京生泰尔科技股份有限公司）

汪　平（北京生泰尔科技股份有限公司）

张　虎（北京生泰尔科技股份有限公司）

张申伟（北京生泰尔科技股份有限公司）

张继飞（北京生泰尔科技股份有限公司）

张继宇（北京生泰尔科技股份有限公司）

邵怡岚（东北农业大学）

苗淑娥（河北滦平华都食品有限公司）

姜晓亮（北京生泰尔科技股份有限公司）

耿肖虎（北京生泰尔科技股份有限公司）

唐乃鑫（北京生泰尔科技股份有限公司）

梁虎军（北京生泰尔科技股份有限公司）

韩世国（河北滦平华都食品有限公司）

谢　岩（北京生泰尔科技股份有限公司）

楚日亮（北京喜禽药业有限公司）

魏树阁（北京生泰尔科技股份有限公司）

审　　稿　韦旭斌（吉林大学）

　　　　　江厚生（北京生泰尔科技股份有限公司）

序一

中兽医学是我国劳动人民长期同动物疾病作斗争的经验总结和智慧结晶，是经过反复的医疗实践逐步形成并发展起来的一门具有独特理论体系和丰富实践经验的兽医学科。数千年来，中兽医学在我国历代畜牧生产发挥了不可磨灭的作用，也对世界兽医事业做出了贡献。在抗生素限用和减量的时代，中兽药也迎来了历史机遇，目前用于替代抗生素的产品主要有发酵饲料、酶制剂、抗菌肽、酸化剂、微生态制剂、中草药及植物提取物等。其中，中草药来源于自然，有利于环境的代谢，具有多种生物活性，对机体的生长、免疫和疾病的预防均有较好的促进效果，并且可以被广泛种植，有利于降低生产成本。整体上，中兽药有效成分多呈天然有机态，生物活性强，易被机体消化吸收再分布，几乎无残留，不易产生耐药性和毒副作用，能够减少动物源性食品污染。同时，中兽药具有多种有效成分，药效广泛，能够按照中兽医传统医药理论进行合理组合，使各物质作用相协调，并使之产生全方位的协同作用，最终提高动物的免疫力与生长性能。

在家禽养殖生产中，中兽药可有效防治家禽疾病，提升家禽生产性能，提高禽产品品质，增强疫苗免疫效果。若想实现对中兽药的合理应用，将中兽药的作用充分发挥出来，养殖户需要关注家禽健康状态、加强中兽药使用管理、规范中兽药使用方法、了解常用中兽药的作用机理，从而促进家禽养殖效益的提高。

《锦心问诊》是《畜禽疾病中兽医辨证论治系列丛书》的一个分册，是一本全面、具体、深刻阐述应用传统中兽医药防治家禽疾病的专业著作，涵盖了"减抗"背景下中兽药在家禽养殖中的应用研究、中兽药在家禽大肠杆菌病中的应用、锦心口服液防治家禽疾病理论基础、锦心口服液防治家禽疾病作用机理研究、中兽药防治家禽疾病应用案例等诸多内容。相信本书的出版，既可以为广大畜牧兽医工作者应用中兽医药防治家禽疾病提供参考，更可以为养殖企业科学使用中兽医药提供便捷的方法和示范。

韦旭斌

原吉林大学教授、博士生导师

2023年3月

序 二

　　符合食品安全的肉鸡从雏鸡到成年鸡的生产过程需要经过集约化的生产模式、快速的生产周期、激烈的成本竞争、严格的食品安全要求，这些都使养殖业的临床兽医倍感艰难。随着养殖周期缩短、饲养环境污染加剧，需要更高级别的生物安全和更先进且安全的诊疗技术应用于抵御传染病，兽医不仅要考虑疫病预防，更要考虑如何合理使用抗生素以减少耐药性，因此，兽医对中兽药和兽用生物制剂有了更加全新的认识和依赖。

　　我认识锦心口服液是在面对混合感染的病例，而抗生素没有明显疗效的情况下，当听到北京生泰尔科技股份有限公司介绍锦心口服液的功效时，半信半疑，决定用疗效说话，设计了几个试验，包括治疗试验和预防试验。治疗试验选择停药期死淘率升高栋舍的病鸡，通过用药前后的剖检和实验室检测确定病死鸡肝脏大肠杆菌感染率的对比，确认用药前后大肠杆菌感染率和死淘率的下降情况；预防试验选择易发混合感染周龄的假定健康鸡舍全群用药，跟踪剖检病鸡，确定大肠杆菌感染率和死淘率。无论是预防试验还是治疗试验，同时采集病鸡血清检测内毒素含量。试验结果证明，锦心口服液无论是用于预防还是用于治疗，都有明显降低大肠杆菌感染率和死淘率、降低肉鸡血液中内毒素含量的效果。随着临床应用的增多，锦心口服液逐渐成为兽医在治疗混合感染的首选药物之一，针对30日龄停药期的病例，更是信任的选择。锦心口服液实现了兽医治疗混合感染不需要使用抗生素、不担心药物残留的愿望。广大基层兽医从不了解中兽药，不相信中兽药，逐渐过渡为学习中兽药作用机理，体会中

兽药应用时机，了解中兽药提取工艺。

中兽药用于传染病的治疗相比化学药物和抗生素，具有标本兼治、扶正祛邪的作用，单纯的化学药物和抗生素只能针对病原体有杀灭作用，而中兽药同时提高机体抵抗力，降低机体应激反应，动员机体防御系统共同抵抗传染病，使用后体现出较稳定的防治效果，用药后复发病例较少，对肝肾无伤害，不产生机体的二次病理损伤，病愈后无药物残留，达到救治发病鸡群、体现动物福利、满足食品安全的效果。

魏建平

辽宁宏发食品有限公司副总裁

高级兽医师　兽医学博士

2023年4月

　　人民的生活水平日益提高，对饮食健康安全，尤其是肉蛋奶等畜禽产品的兽药残留问题提出了更高的要求。

　　长久以来，家禽细菌性疾病的治疗以抗生素为主，由于抗生素的不合理使用，细菌耐药性不断增强，多重耐药菌的比例居高不下，导致抗生素对细菌性疾病的治疗效果下降，且抗生素残留对食品安全、公共卫生安全等构成威胁。为切实加强兽用抗菌药综合治理，有效遏制动物源细菌耐药、整治兽药残留超标，全面提升畜禽绿色健康养殖水平，促进畜牧业高质量发展，有力维护畜牧业生产安全、动物源性食品安全、公共卫生安全和生物安全，2021年10月，农业农村部印发了《全国兽用抗菌药使用减量化行动方案（2021—2025年）》，支持兽用抗菌药替代产品应用，将兽用中药生产企业纳入农业产业化龙头企业支持范围，从而促进兽用中药产业健康发展。

　　中医药是中华民族的瑰宝，是中华传统文化百花园中的一朵奇葩，习近平总书记在党的二十大报告中明确提出，促进中医药传承创新发展。中兽药具有毒副作用小、无药物残留、不易产生耐药性、对生态环境无污染、用药安全等特点，不仅在动物疾病的防治方面具有独特的优势，还可以保证畜禽产品的安全，保障人、动物和环境的"同一健康"。

　　我国是家禽养殖生产大国，新时代的养禽业向着良种化、规模化、标准化、自动化、智能化的方向发展。为保障食品安全，肉鸡养殖后期、蛋鸡产蛋期等禁止或限制抗生素的使用，给细菌病的防治带来困难，此时选用有确实疗

效的中兽药——锦心口服液是良好选择。

守正创新。锦心口服液由北京生泰尔科技股份有限公司研制生产，主要成分有穿心莲、十大功劳、地锦草、虎杖和黄芩，具有清热燥湿、止痢的功效，主要用于治疗家禽的大肠杆菌病。家禽大肠杆菌病多发，且易与其他病原混合感染，锦心口服液也可以作为治疗混合感染的首选药物。

《锦心问诊》一书既有中兽药用于家禽疾病防治方面扎实的理论基础，也有对锦心口服液作用机理的探讨，更有锦心口服液用于蛋鸡、肉鸡、种鸡治疗的大量应用案例，丰富翔实的数据表明锦心口服液可以在养禽业推广应用。该书的出版能让更多的家禽从业者了解和使用锦心口服液。

最美人间四月天。在繁花盛开的时节，愿锦心口服液在家禽疾病防治中发挥更大作用，促进我国养禽业绿色高效高质量发展，助力乡村振兴！

李玉保

聊城大学教授

2023年4月

　　中兽医学是研究中国传统兽医理论与方法、预防和治疗动物疾病、提高动物生产性能的科学，又称中国传统兽医学。中兽医学以其独特的理论体系和精湛的临床技术而被誉为自然科学宝库中的一颗明珠。几千年来，中兽医学为我国和世界动物繁衍，以及人兽共患病的防控做出了卓越贡献，具有很高的理论研究与临床应用价值。

　　中兽医用于防治动物疾病与提高其生产性能的药物称为中兽药。中兽药是以天然植物、动物和少量天然矿物为原料炮制加工而成，因其绝大多数来源于植物，故历代将记载和研究中药的著作称之为"本草"，如《神农本草经》《本草纲目》及《新修本草》等。中华人民共和国成立以来，我国中兽药研究取得了很大进展，在全国范围内进行了经验方和药的发掘、整理、继承与提高。许多地区进行了中草药资源调查，为进一步深入研究及开发利用打下了基础。随着相关科学技术的进步，我国广泛开展了中药化学成分分析及药理、毒理试验，将中兽药基础研究提高到一个新的水平。为了加强对中兽药的安全性、有效性和质量可控性的监督管理，国家组织制定了《兽药规范》（中药）、《兽药质量标准》（中药）、《中华人民共和国兽药典》（二部：中药），这些规范和标准使中兽药的研究与临床应用有法可依、有章可循。

　　采用中兽药防治动物疾病与提高其生产性能具有许多明显的优势。首先是中兽药的发现及深入研究大多以本种动物进行试验，且经过了长期临床实践检验，对其功效及毒副作用了解比较深入，在中兽医学基本理论指导下，通过辨证用药，即可收到理想的治疗效果。其次是与当代化学药物和抗生素相比，来源于天然动植物的绝大多数中兽药具有较高的安全性，对靶向动物安全，通常用3～5倍给药剂量不会出现明显的毒性作用；对环境安全，不会对大气、土壤和水域造成污染；对食物链安全，不会在肉、蛋、奶中产生毒性残留而危害人体健康。最后是种类繁多的中兽药可以根据动物的具体情况进行组合配伍，以发挥更好的效果，而不会出现较大偏颇或发生顾此失彼的情况。

纵观当前中兽药临床应用现状，还普遍存在一些问题。中兽医药学理论知识与技术普及不够广泛，一些技术人员没有很好掌握中兽医基础理论与诊断方法，没有完全弄懂中兽药的药性与方义，常常用西兽医药学思维指导中兽医药研究与应用，难以收到理想的效果。鉴于此，我们组织有关专业技术人员编写了这本《锦心问诊》，以期为兽医临床工作者正确运用中兽药提供参考。

全书共分五章，分别介绍了"减抗"背景下中兽药在家禽养殖中的应用研究、中兽药在家禽大肠杆菌病中的应用、锦心口服液防治家禽疾病理论基础、锦心口服液防治家禽疾病作用机理研究、中兽药防治家禽疾病应用案例。本书以通俗易懂和实用性为目标，在查阅大量古籍和现代研究文献的基础上，结合我们多年的临床经验技术，比较全面系统地介绍了中兽药防治家禽疾病的理论知识与实践技术，具有较高的科学研究和实际应用价值。

尽管我们为编写本书做了很大努力，但编者水平有限，加之时间仓促，难免存在疏漏之处，望读者不吝赐教，以便再版时修改。

编　者

2023年3月

目　录

理论基础篇

第一章

"减抗"背景下中兽药在家禽养殖中的应用研究

第一节 抗生素在家禽养殖中的应用现状

一、抗生素在养殖生产中的应用现状

数据显示，截至目前，我国重大食品安全事件中，70%以上发生在肉、蛋、奶。我国抗生素总使用量约占全球的50%，其中52%以上为兽用抗生素，用于动物养殖。复旦大学研究显示，江浙沪千名在校儿童尿检，近60%检出抗生素，其中有一部分是兽用抗生素，源自动物性食物。抗生素使用第一大国与我国的国情相关，我国人口众多，饲料产量居世界第1位。截至2020年7月1日，我国饲料药物添加剂中抗生素使用量占全球使用量的30%以上。近3年我国畜禽产品兽药残留例行监测抽检合格率在97%以上，但动物源细菌耐药性形势依然严峻。动物专业抗菌药物耐药性逐年增高，导致药物用量不断加大，动物疫病防治效果越来越差，动物机体发生免疫力抑制和二重感染，影响畜禽产品质量，对食品安全和人体健康产生不利影响。

为此，农业农村部印发了一系列的文件，以减少抗菌药物的使用，确保食品安全及人类健康。为应对动物源细菌耐药挑战，提高兽用抗菌药物科学管理水平，保障养殖业生产安全、食品安全、公共卫生安全和生态安全，维护人民群众身体健康，促进经济社会持续健康发展，农业农村部发布了《全国遏制动物源细菌耐药行动计划（2017—2020年）》。农业农村部还发布了《农业农村部办公厅关于开展兽用抗菌药使用减量化行动试点工作的通知》，制定了《兽用抗菌药使用减量化行动试点工作方案（2018—2021年）》，以保障兽用抗菌药使用减量化行动。《药物饲料添加剂退出计划（征求意见稿）》（2019年3月13日发布）指出，自2020年1月1日起，除中药外所有促生长药物饲料添加剂产品质量标准废止，兽药生产企业停止生产、进口兽药代理商停止进口相关兽药产品，同时注销相应的兽药产品批准文号和进口兽药注册证书。此前已生产、进口的相关兽药产品可流通使用至2020年底。在新兽药准入环节，针对抗菌药物确立了"四不批一鼓励"准入原则，即不批准人用重要抗菌药、用于促生长的抗菌药、易蓄积残留超标的抗菌药和易产生交叉耐药性的抗菌药作为兽药生产使用，鼓励研发新型动物专用抗菌药。

二、"减抗""禁抗"对家禽疫病防治产生的影响

1. 养殖端的保健意识增强，从大量化学药物治疗转为提前预防和选用中药预防为主

随着"减抗""限抗"等政策制度的不断颁布实施，由抗生素控制的疾病问题不断凸显，养殖端使用中药、微生态制剂等保健意识逐渐增强。目前，多家肉鸡和蛋鸡养殖全程都在运用中药进行保健，特别是在当前"禁抗"养殖、"无抗"养殖的需求影响下，蛋鸡和肉鸡中后期都必须全程"无抗"养殖。合理选材、组方，配制相宜的饲用添加物，能够起到调节消化系统机能、提高饲料转化利用率、增强体质的作用，从而实现促生长、增重、抗病等方面的协调统一。

为了迎合市场，各大兽药公司和饲料生产厂家都不同程度地推出中兽药产品及中兽药提取、中兽药发酵等产品，用于家禽疾病的预防和治疗。

2. 注重家禽营养为主，重视肠道健康保健

饲料"禁抗"之后，大量的肠道问题逐渐凸显出来，尤其是腹泻、饲料消化不完全、反复肠炎等情况，鸡的肠道短，摄入饲料储存时间短，如果细菌繁殖过快、肠道菌群失调严重的话，肠道问题就更难解决。

原来饲料中添加抗生素，"禁抗"以后就需要养殖过程中适当地使用中兽药等替代药来弥补养殖中出现的问题。想要少用药，要从家禽健康着手，重视肠道调节，选用酸化剂、中兽药、益生菌、发酵料等改善家禽的肠道健康（图1-1）。

图1-1　酸化剂

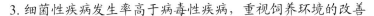

3. 细菌性疾病发生率高于病毒性疾病，重视饲养环境的改善

饲料"禁抗"以后，细菌性疾病的发病率呈上升趋势，一些原来地区性散发或发病较低的疾病，如大肠杆菌病、禽霍乱、沙门菌病和魏氏梭菌病等细菌性疾病增多。针对细菌性疾病，一方面要重视饲养环境的改善，减少外界刺激等应激反应；另一方面选择种源净化较好的禽苗，同时合理使用药物预防。这样才能有效降低细菌性疾病大量用药带来的肝肾功能损伤等副作用。

4. 重视肝肾功能的修复与保健

近年来，肝肾功能受损导致鸡群零星死亡的病例比比皆是，人们也逐渐意识到肝肾功能的重要性。肝肾功能好了，鸡自然也好养了，用药也少了，有百利而无一害。中药调节脏腑功能、提升免疫的作用是化学药物解决不了的（图1-2）。

图1-2 保肝护肾中药

饲料"禁抗"、养殖"限抗"、产品"无抗"的养殖时代已经在路上，顺应行业发展，回归养殖动物生长本质，追求健康养殖，维护好生存环境，更有利于行业的长远发展。

第二节 "减抗"背景下中兽药在家禽养殖中的应用

近年来，由于养禽业的飞速发展，抗生素已经成为家禽饲料中的重要添加剂，但抗生素的不合理应用使得多重耐药菌不断增多，临床上抗生素的选择越来越具有局限性，并且禽肉和蛋中存在大量的抗生素残留，直接影响了人类的健康。中兽药，是天然药物，具有种类繁多、资源和来源丰富的特点。在疫病防治方面，中兽药具有安全性强、成本低、毒副作用小、低残留等特点，可以有效调节机体免疫机能，在防治禽病的同时可以避免禽对其产生耐受性，还能逆转和消除细菌的耐药性。中兽药作为抗菌药物在对细菌性疾病的无抗生素治疗中，受到国内外越来越多研究者的关注。

一、中兽药在家禽养殖中的应用位点

中兽药在家禽养殖过程中的应用由来已久，比如清代的《鸡谱》详细的介绍了家禽（斗鸡）的外感"六淫"（风寒暑湿燥火）病因、方剂用法用量和常规保健，在现代家禽养殖中仍然使用。随着规模化养殖场的不断发展，中兽药在家禽养殖中的应用位点不断扩大，在肉鸡、蛋鸡、种鸡等不同品种、不同日龄的阶段均可使用。以下将详细介绍目前中兽药在家禽养殖中的新位点，供参考。

1. 增强疫苗保护作用

在家禽养殖生产过程中，由于受养殖环境、各饲养环节不断变化等多因素的影响，禽类疫苗免疫往往存在免疫失败或免疫应激过大导致死淘的情况，而免疫增强剂不仅能减少疫苗免疫的应激反应，而且可以提高疫苗的保护效果，增强机体免疫力和抗病能力（图1-3）。近年来，随着中兽药的不断发展，在中兽药补益药中涌现出不少可增强疫苗保护作用的产品，尤其以黄芪多糖（APS）应用最广。黄芪多糖是黄芪（图1-4）发挥作用的主要成分，具有增强家禽疫苗免疫功效的作用，在家禽养殖业中的应用越来越广泛。据调查研究显示，疫苗防疫时配合使用APS，能加速免疫抗体的合成，整体快速提升各种疫苗的抗体效价，增强疫苗接种后的保护力。

图1-3　使用黄芪多糖后免疫新城
　　　　疫的雏鸡

图1-4　黄芪

APS对家禽免疫器官的影响主要体现在提高胸腺、脾、法氏囊指数上，同时对某些免疫抑制剂（如环磷酰胺和泼尼松龙等）所致的免疫器官质量的减轻有明显的缓解作用。

研究发现，APS能刺激淋巴细胞等免疫细胞的增殖和活化，提高抗体滴度和血清溶菌酶含量，从而提高机体免疫功能；体外添加APS既可提高脾脏中T淋巴细胞的转化率，促进细胞免疫功能，又可提高脾脏中B淋巴细胞转化率，增强体液免疫功能；APS能够促进抗原刺激引起的T淋巴细胞分化和增殖，而且对受抗原刺激后细胞毒性T淋巴细胞的细胞毒作用和辅助性T细胞分泌细胞因子的功能有增强作用。

研究发现，APS能够增强网状内皮质免疫系统的吞噬功能，促使白细胞介素的产生；能够增加巨噬细胞数量，促进巨噬细胞分化增殖，从而增强巨噬细胞的吞噬功能。另外，APS可通过增强内皮细胞与淋巴细胞的黏附而促进淋巴细胞再循环，增加淋巴细胞与抗原的接触机会，从而扩大免疫反应，增强机体免疫功能。此外，APS还可显著提高三黄鸡的红细胞免疫功能。近些年，关于APS在禽用疫苗免疫效果方面的研究屡见不鲜（表1-1）。

表1-1 黄芪多糖在禽用疫苗免疫效果方面的研究

动物疫苗	功效
新城疫疫苗	不仅可以提高机体血清中的抗体水平和体液免疫水平并维持较长的时间,而且可以进一步减少免疫原的使用剂量,具有免疫增强剂和佐剂的双重作用
新城疫 La Sota疫苗	增强机体细胞免疫和体液免疫水平
鸡新城疫疫苗	提高抗体水平、T淋巴细胞百分率和免疫器官指数
鸽新城疫灭活苗	提高抗体水平,提高体液免疫水平
禽流感疫苗	促进正常鸡体内T淋巴细胞增殖,CD4+细胞比率升高,CD8+细胞比率下降,CD4+/CD8+升高,从而提高疫苗的免疫功能
禽流感(AI)灭活苗	显著提高肉鸡的主要免疫器官指数和AI血凝抑制抗体的效价
鸡球虫疫苗	可以缓解鸡球虫疫苗免疫对鸡增重的不良影响,提高鸡球虫疫苗的免疫效果
活疫苗	对雏鸡黏膜SIgA分泌有显著的促进作用
鸡传染性法氏囊病(IBD)疫苗	提高血清抗体效价,促进T淋巴细胞增殖
鸡新城疫、H9亚型禽流感二联灭活疫苗	作为免疫增强剂可显著提高鸡新城疫、H9亚型禽流感疫苗的免疫效果
禽流感-新城疫重组二联活疫苗	延长抗体的高峰期持续时间,免疫后期有延长较高抗体存在的趋势
新城疫-传染性支气管炎二联疫苗	提高HI抗体效价、CD3+淋巴细胞数、CD4+/CD8+比值、SIgA含量和SIgA阳性细胞数
鸭病毒性肝炎疫苗	提高生长性能,增加机体免疫力,缓解机体的免疫应激作用
I型鸭疫里默氏杆菌灭活疫苗	提高血清抗体水平,具有良好的安全性和免疫原性

APS对家禽疫苗免疫的增强作用表现在多个层次。除提高免疫器官指数外,既可以增强机体的特异性免疫应答,如提高机体淋巴细胞活性,促进多种细胞因子分泌,又可以促进机体的非特异性免疫应答,如提高血液中抗体效价;既可增强正常机体的免疫机能,又可调节异常机体的免疫功能,对多种禽用疫苗均有增强作用,是很有价值的免疫增强剂。应当增强认识APS等免疫增强剂在禽用疫苗免疫工作中的重要性,科学合理地使用免疫增强剂,落实好家禽疫病的预防和控制工作,带动我国家禽养殖产业健康发展。

2.提升禽产品品质

在家禽养殖逐渐趋向于规模化的情况下,当前很多养殖户都会采取以快速增重为核心的家禽养殖模式,对禽产品品质的关注度并不高,很难满足消费者对高品质禽产品的需求。将中兽药或中药材与饲料混合应用于家禽养殖，可有效提升家禽产品的品质。例如，在饲料中按一定比例添加酒蒸女贞子果实等中药材，并与豆油、豆粕、鱼粉、玉米等混合，可有效提高家禽肌肉的抗氧化机能，改善肉质；将山楂、黄芪、甘草、陈皮、刺五加、当归等中草药粉碎后添加到饲料中，可提升家禽蛋黄比例、蛋壳厚度等，加深蛋黄色泽，提高禽蛋的整体品质。

3.提高家禽生产性能

在家禽养殖生产过程中，中兽药除可以增强疫苗免疫效果、提升禽产品品质外，还可以有效提高家禽生产性能。例如，在饲养肉用型家禽时，将山楂、黄芪、大黄等中草药添加到饲料中，可有效提高家禽的采食量与饲料消化率，显著降低料肉比。饲养蛋用型家禽时，使用益母草、何首乌、肉苁蓉等中草药可提升家禽产蛋量、产蛋率、蛋均重等生产性能指标。

据报道，由神曲、麦芽、海龙、党参、当归等中药复方散剂可以显著提高蛋鸡的产蛋率和蛋重，降低料蛋比，而且蛋鸡的蛋壳质量也有加强的趋势。有研究指出，在肉鸡日粮中添加中药添加剂后，肉鸡的日增重和屠宰率显著提高，料肉比下降，并且腹脂/体重有所降低。另有研究证明，在蛋鸡基础日粮中添加中药超微粉后，鸡的产蛋率显著升高，肝脂率、腹脂率显著降低，鸡蛋中胆固醇的含量也明显下降。中草药添加剂还能提高产蛋后期蛋鸡的产蛋率，料蛋比也显著降低。在雏鸡日粮中加入中药添加剂后，雏鸡平均日增重、平均日采食量都显著提高，雏鸡死亡率显著下降。有研究指出，使用鱼腥草、麦芽、白术等组成的中药添加剂，放养肉鸡的成活率显著提高，料肉比显著下降。

4.提高家禽的免疫功能

家禽传染病的传播、扩散均由三个因素组成，即传染源、传染途径和易感动物。其中，传染源、传播途径均是由饲养管理控制，对于易感动物来说，唯有提高家禽的免疫功能，才可避免疾病的发生。从中兽医角度讲，即"正气存内，邪不可干"，"正"即自身的免疫力，"邪"不仅指病原微生物，亦指"六淫""七情"、饥饱劳役等。

我国中兽药资源丰富，其中不乏可提升家禽免疫功能的单味药或复方。有研究表明，穿心莲超微粉可以提高三黄鸡的免疫器官指数、血清溶血酶活性、白介素-2的含量等免疫指标。有研究指出，复方中草药可以使黄羽肉鸡血清中的免疫球蛋白G（IgG）、免疫球蛋白M（IgM）的含量显著升高。在规模化肉鸡养殖中，将银杏叶提取物添加到基础日粮中，可以提高肉鸡的免疫机能，增强其抗病力。在雏鸡日粮中添加中药复方制剂禽康素，与没有添加禽康素的对照组相比，试验组鸡只的免疫器官指数、红细胞玫瑰花结形成细胞（ERFC）形成率和EAC（红细胞—抗红细胞抗体—补体）花环形成率都明显升高。中药复方紫黄散能够有效促进鸡免疫器官的发育，增强鸡免疫功能。也有研究证实，桑白皮和柴胡能够显著促进肉鸡淋巴细胞增殖，从而提高肉鸡细胞免疫功能。

5. 抗应激

家禽应激是指由所有作用于家禽的环境刺激引起的一系列非特异性反应或体内的紧张状态。所有的生物都有反应和适应外界刺激的能力，所以尽管环境在变化，如冷、热、阴雨、刮风等，大多情形下家禽的精神状态、生长发育等并不会有明显的异常。但在刺激强度大、持续时间长，甚至几种刺激因素叠加时，则会严重影响家禽的生长、发育、产蛋，甚至成批死亡。尤其在集约化、工厂化生产条件下，饲养密度大、饲养空间封闭闷热、饲料来源单一、气候突变、免疫接种和长途运输引起的应激反应等会严重影响家禽的生长发育。基于此，针对家禽应激反应的中药组方逐步被市场接受。

经研究证实，蛋鸡饲料中加入柴胡、刺五加等天然提取物可以显著缓解高温对鸡的不良影响，其产蛋率和蛋品质较对照组都有明显提高。有研究指出，在高温季节，蛋种鸡日粮中添加中药，可以提高产蛋率、平均蛋重，降低种蛋淘汰率。有研究发现，高温环境下中药复方制剂能够显著增加肉鸡的十二指肠、空肠、回肠的黏膜厚度、绒毛长度，降低其隐窝深度，说明中药复方可以显著改善高温应激条件下的肉鸡小肠黏膜形态结构。

6. 抗球虫

球虫病是一个世界性的难题，在大多数动物体内都有球虫，但球虫对家禽的危害性最为严重。球虫可在家禽肠道的不同部位定殖，引起出血性肠炎、营养不良和雏禽大批死亡，降低生产性能，造成重大经济损失。随着集约化养禽业的不断发展，禽球虫病已经成为危害养禽业最严重的疾病之一。目前对球虫病的控制在很大程度上仍然依赖于抗球虫药物。但随着耐药性问题愈发严重，以及消费者越来越重视食品中的药物残留及其对环境的污染，使养殖业不得不减少抗球虫药物的使用，从而促进了抗球虫药物替代方法的应用和发展（图1-5）。

有研究指出，选用常山、青蒿、柴胡、甘草等组成中药方剂作为抗球虫药，检测发现抗球虫指数显著升高，证明此中药方剂可用于球虫病的防治。还有研究发现，不同治疗用量的抗球散超微粉对鸡球虫病均有明显的治疗效果。雏鸡16日龄人工感染球虫卵囊，分别在感染前和感染后使用中药肠血平颗粒，检测发现雏鸡血便症状减轻，抗球虫指数显著增高。将中药白头翁、常山、商陆分别制成中药提取液，加入等量不同种类的鸡艾美尔球虫未孢子化卵囊悬液，分别培养24 h和48 h，结果显示，这三种中药提取液能抑制不同种艾美尔球虫体外孢子化。

图1-5 防治球虫中药制剂

有研究指出，用常山、青蒿、地榆等浸提液与黄芪粗多糖组成中药复方，拌料给人工感染球虫的雏鸡服用，其抗球虫指数、鸡只存活率均有明显提升。

7. 防治呼吸道疾病

呼吸道病是家禽临床上最常见的疾病之一，对家禽影响巨大，该病没有明显的季节特征，全年都可能发生。由于该病病因复杂，病程长，常出现用药不当的情况，因而治疗效果往往不理想，给家禽的生长与生产造成严重损失。在兼顾药效与经济效益的原则下，中兽药因其独特的优势，越来越受到养殖户青睐。有研究指出，中药"果根素"，使用甘草、板蓝根、冰片、猪胆粉、人工牛黄等药材组成基本方，用于家禽上呼吸道感染，可以减少痰液、扩张支气管、舒张平滑肌、抑制黏液腺分泌、缓解支气管堵塞形成等造成的窒息性死亡。

研究指出，用支原体强毒株人工感染鸡只，鸡只表现明显的呼吸困难、气喘、流泪、打喷嚏等临床症状，用酸枣仁提取物治疗后，鸡只的精神状态和食欲接近正常鸡只。经研究证实，自然感染呼吸系统疾病的乌骨鸡，用以重楼为主药的中药方剂治疗，连用5 d，患病鸡只的临床症状明显减轻，治愈率明显上升，死亡率显著下降。有研究指出，在麻杏石甘散的基础上进行加减，采用蒸馏法和水提醇沉法提取，先将提取液接种于鸡胚，再用IBV-M41（传染性支气管炎病毒-M41）株感染鸡胚，发现能够阻断IBV-M41株对鸡胚的损害；先用IBV-M41株感染鸡胚，再将提取液接种于鸡胚，发现提取液对IBV-M41株的抑制作用较好。有研究指出，中兽药"天然康"，使用金银花（图1-6）和黄芩等药材组成基本方，用于家禽病毒及支原体引起的下呼吸道感染和种鸡支原体阳性率过高等情况，有明显的效果。

图1-6　金银花

8. 对大肠杆菌病和沙门菌病的作用

研究证实，地锦草、穿心莲、十大功劳、虎杖和黄芩，按一定剂量配伍组成的中兽药"锦心口服液"，能够有效治疗大肠杆菌导致的气囊炎、腹膜炎、心包炎、肝周炎、浆膜炎等和厌氧菌导致的坏死性肠炎、输卵管炎。有研究指出，用地锦草、白头翁、黄连、山楂、地榆、甘草等中药，治疗鸡大肠杆菌病自然发病的鸡只，结果发现，鸡只死亡率显著下降，治愈率达到96%，而且给药次数少，价格低廉。有研究结果表明，用大黄、大青叶、乌梅等中药配伍，制成中药超微粉，治疗人工诱发的大肠杆菌病，能够降低死亡率，提高治愈率及相对增重率。河北省昌黎县某养殖场每批肉鸡26日龄后都会出现因大肠杆菌病造成死亡的现象，在肉鸡32日龄时在饲料中添加自制中药散剂赤黄散，直至出栏，发现鸡只死亡率显著下降，赤黄散预防鸡大肠杆菌病疗效显著。有研究人员发现，某鸡群鸡白痢的阳性率为60%，用石榴皮、诃子、地榆等中药配伍制成散剂添加到日粮中，连用3个疗程，40 d后检测结果显示，鸡群鸡白痢的阳性率显著下降，仅为3%，产蛋率也明显上升。有试验证明，用中药白头翁汤加味治疗人工感染的鸡白痢，有明显的治疗效果，治愈率显著增加，并且优于用强力霉素、环丙沙星、诺氟沙星治疗的效果。

9. 其他作用

经研究证实，复方中药对肉仔鸡腹水征有明显的治疗效果。有研究指出，中药还可以调节肉鸡的肠道微生态平衡。在肉仔鸡的基础日粮中加入0.5%黄连，肉鸡肠道蛋白酶和淀粉酶活性显著高于对照组，肠道乳酸菌和大肠杆菌数量显著低于对照组。有研究证实，中草药添加剂能够提高肉鸡品质，协调生长。

二、中兽药在家禽养殖中的应用前景

1. 中兽药替代西兽药将成为家禽养殖的发展趋势

中兽药不仅能有效治疗家禽养殖中各种疾病，而且能提高家禽免疫能力，改善禽肉品质，通过中兽药还能有效改善养殖环境，减少化学药物对环境的影响，给人类提供无公害绿色产品。当前规模化标准化家禽养殖场对疾病预防尤为重视，在程序用药过程中，都增加了预防保健中兽药，并不断减少西兽药的使用，这样不仅可以节省养殖用药费用，而且提升了养殖专业技术水平。随着中兽药及中兽药添加剂不断深入研究和应用，中兽药将在家禽养殖中开辟一个广阔的市场。

2. 中兽医理论深入研究将给中兽药在家禽养殖中应用提供理论依据

目前，中兽医理论虽然有强大的基础，但在现代规模化家禽养殖中理论体系不够完善，中兽药在家禽养殖中应用不规范现象普遍存在。随着我国家禽养殖和中兽医学的发展，将形成专门针对家禽养殖的中兽医理论，进一步科学地解决养殖中存在的问题，促进中兽药在家禽养殖中的应用。

3. 中兽药制剂现代化为家禽饲养提供了便利

目前，中兽药在家禽养殖中以中兽药散剂为主，但随着中兽药科学技术的进步，中兽药制剂技术逐步向现代化工程发展，易于家禽吸收利用的速效、缓控制剂将逐步占有市场，如中兽药超微粉、中兽药口服液、中兽药颗粒剂、中兽药提取物等。中兽药新制剂的出现不仅可以提高药物生物利用度，而且更方便在家禽规模化养殖中应用，更受到养殖户青睐，中兽药制剂现代化将为中兽药在家禽养殖业应用提供广阔应用前景（图1-7至图1-10）。

图1-7　超声波低温回流提取技术

图1-8　负压低温浓缩技术

图1-9　超滤分子截留技术

图1-10　真空喷雾干燥技术

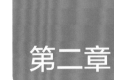

第二章

中兽药在家禽大肠杆菌病中的应用

第一节　家禽大肠杆菌病的研究进展

家禽大肠杆菌病是指部分或全部由大肠埃希菌（*E. coli*）所引起的局部或全身性感染的疾病，其抗原性复杂，血清型多样，临床症状和病理变化多变，包括大肠杆菌性败血症、大肠杆菌性肉芽肿、气囊炎、肿头综合征、腹膜炎、输卵管炎、滑膜炎、全眼球炎、脐炎和卵黄囊炎等。多与病毒性疾病或其他细菌性疾病并发，且在世界各地均有发生，给家禽养殖业造成了严重的经济损失。

近年来，随着科学技术不断发展，国内外学者研制出了许多先进的疫苗和免疫程序，在防止畜禽传染病发生及传播方面取得了傲人成绩，使养殖业有了长足的进步，在丰富人们的饮食结构及提高养殖业收益方面效果明显。但即便如此，由于养殖环境的污染、药物使用方法不恰当、免疫程序不正确、畜禽机体的状态、免疫抑制病、应激因素、饲料污染及营养和动物福利等诸多方面的原因，仍然有许多养殖场发生了不同类型的传染病，使养殖业从业者遭受了巨大的经济损失。例如，据山东省菏泽市动物医院近两年来的门诊资料统计，在诸多的传染性疾病中，顽固性大肠杆菌病发病率占家禽细菌性疾病的70%。

目前，对于大肠杆菌病多采用抗菌药物治疗，但由于此类药物的不合理使用，已导致大肠杆菌的耐药谱不断扩大，防治效果下降。同时，抗菌药物在机体内残留，降低了肉蛋产品品质，影响人类健康和公共卫生安全。临床实践表明，中兽药对家禽大肠杆菌病有较好的防治效果，并具有低残留、低毒性、治愈率高、不易产生耐药性等特点，符合当今社会倡导的绿色养殖要求，有着广阔的发展前景。

锦心口服液选取中药地锦草、穿心莲、十大功劳、虎杖和黄芩，按一定剂量配伍组方，制备成对鸡大肠杆菌病具有良好治疗效果的国家三类新兽药，为家禽养殖业的健康发展提供有力保障。

一、流行病学

鸡大肠杆菌病最早报道于瑞典，以后在荷兰、法国、匈牙利、保加利亚、南非、美国、加拿大、澳大利亚、韩国等养禽业发达国家均有发生。我国自20世纪80年代以来，随着规模化养鸡业的发展，鸡大肠杆菌病不断蔓延，广东、广西、江苏、青海、吉林、河南、北京、湖南、湖北、福建、贵州、甘肃、陕西、辽宁、西藏、山西、黑龙江等省（自治区、直辖市）都有本病发生的报道。

1. 家禽的解剖结构特点

大肠杆菌为人和动物的肠道菌，在人和家畜中，大肠杆菌的感染途径主要通过消化道。但研究发现，家禽大肠杆菌感染的主要途径是呼吸道。由于禽的呼吸系统解剖结构比较特殊，除肺外还具有气囊；气囊共9个，与肺相通，气囊又广泛分布在鸡的胸腔和腹腔中，家禽的胸腔和腹腔没有横膈膜相隔而相互连通。因此，鸡呼吸系统的这种结构为大肠杆菌感染提供了极便利通路，大肠杆菌一旦突破呼吸道的黏膜屏障，会迅速通过气囊进入胸腔和腹腔，感染内部脏器，在临床上常表现为心包炎和肝周炎。

2. 环境因素和传播途径

大肠杆菌广泛存在于自然界中，在人类公共卫生中是重点防御的一类病原，而在家禽养殖业中却往往被忽视。病鸡和带菌鸡是该病的主要传染来源。啮齿类动物如老鼠等也是大肠杆菌的带菌者。鸡舍内及周围环境中的大肠杆菌极易污染饲料、饮水和器具，带菌鸡通过呼吸道和粪便排毒形成鸡舍内强大的污染源。据报道，某规模化种鸡场曾进行过试验，对鸡舍进行严格消毒后，在地面没分离到细菌的情况下，让鸡群自由饮用含有消毒液的饮水，在空气中却依然分离到大量不同血清型的大肠杆菌。据报道，鸡舍灰尘中的 $E.$ $coli$ 含量有时高达 $10^5 \sim 10^6$ 个/g，空气中 $E. coli$ 含量为（$3.5 \sim 5.7$）$\times 10^4$ 个/m³，其中致病性菌占94%，强致病性菌占40%。由此可以看出，鸡舍及其周围环境中长期存在大量致病性大肠杆菌，鸡群时刻处于大肠杆菌感染威胁之下，经常导致大肠杆菌的反复感染。

一般按照致病力将大肠杆菌划分为致病性大肠杆菌（强致病性、中度致病性、低致病性）、非致病性大肠杆菌和条件性致病大肠杆菌三种类型。强致病性的菌株可直接通过消化道和呼吸道侵入机体，借助菌毛的吸附完成定殖，随后不断增殖并随血液侵入机体组织，导致机体发病。条件性致病大肠杆菌为家禽肠道和上呼吸道的常在菌，在正常情况下家禽的防御系统（主要是机体黏膜屏障系统和免疫系统以及体内有益菌群的抑制）能够抵御这些常在菌的自然感染，但是一旦家禽的防御系统受到破坏，常在的条件性致病大肠杆菌就会乘虚而入，引起家禽发病。

3. 继发感染

调查显示，继发性感染是家禽暴发大肠杆菌病的主要原因，占大肠杆菌病的56%。促使家禽对大肠杆菌敏感的因素很多，包括病毒、细菌和寄生虫感染，以及环境、营养导致的免疫防御系统结构和功能受损等。就目前国内的具体情况而言，引起家禽对大肠杆菌最敏感、最常见的因素主要是病毒性感染，尤其是新城疫、禽流感、传染性支气管炎和传染性喉气管炎。病毒中的一些强毒株可迅速引起鸡只死亡，往往来不及引起大肠杆菌感染，而那些非高致病力毒株临床症状不明显，不易被发现，但会破坏呼吸道和消化道黏膜屏障系统的完整性，为大肠杆菌病的入侵开辟了门户。另外，一些免疫抑制性疾病，如法氏囊病可使家禽的免疫系统出现损伤，产生抗体的能力下降，对大肠杆菌的抵抗力也下降。目前，人们为了增强疫苗的免疫效果，选用的菌株致病性越来越强，病毒在机体呼吸道和消化道黏膜中复制时也会损伤细胞，虽然这种损伤较轻微，但加剧了大肠杆菌的感染机会，这是目前许多鸡场在接种疫苗后易暴发大肠杆菌病的一个重要原因。

4. 垂直性感染

研究发现，正常母鸡所产蛋的0.5%～6%含有大肠杆菌，人工感染的母鸡所产的蛋中含大肠杆菌高达26%。鸡蛋被粪便污染被认为是重要的感染来源，其他来源可能是卵巢炎和输卵管炎。致病性大肠杆菌在新孵出的雏鸡消化道中出现率比孵出这些雏鸡的鸡蛋要高得多，说明致病性大肠杆菌在孵化以后迅速传播，可引起孵化期死胚增多或孵出弱雏或"大肚脐"雏鸡或引起雏鸡早期死亡。患有 *E. coli* 性输卵管炎及生殖器官病的产蛋母鸡在蛋的形成过程中大肠杆菌可进入蛋中，造成胚源性感染从而引起垂直传播，导致雏鸡大量死亡及出现带菌的弱雏，从而在饲养的第一天起大肠杆菌便潜伏在鸡群中，给防控带来极大的困难。

5. 免疫抑制性疾病影响

我国家禽免疫抑制性病毒疾病感染非常普遍。中国农业科学院哈尔滨兽医研究所的研究者对历年来保存的血清进行鸡传染性贫血检测发现，40%～80%的血清样品反应呈阳性。中国农业大学的研究者对30多个鸡群的禽网状内皮组织增殖病调查表明，有48%的鸡群抗体反应呈阳性。免疫抑制性疾病会造成家禽机体整个防御系统（体液免疫、细胞免疫、非特异性免疫、局部免疫）受损，导致家禽无法抵御大肠杆菌的入侵。

二、临床分型

大肠杆菌病由于病菌侵入的数量和毒力、感染途径、禽的种类、个体差异及各种应激因素等的不同，因而其潜伏期也不一样，病型也有很大差异。在临床上主要表现为两大病型。

1. 急性败血型

急性败血型大肠杆菌病在鸡、鸭中最常见，多在3～7周龄的肉鸡中发生，死亡率通常为1%～7%，并发感染时可高达20%。3周龄以下雏鸡多为急性经过，病程1～3 d。4周龄以上病鸡，一般病程较长，少数呈最急性经过。病鸡常有呼吸道症状，鼻分泌物增多，呼吸时发出"咕咕"的声音或张口呼吸，结膜发炎，鸡冠暗紫，排黄白色或黄绿色稀粪，食欲下降或废绝。死鸡卵黄吸收不良，伴有脐炎、心包炎及肠炎，发病率和死亡率较高。急性死亡鸡剖检表现，实质器官充血、淤血，肝脏肿大，色深红，有的呈绿色，部分鸡肝脏上有灰白色小的坏死灶，胆囊肿大。肺脏充血呈灰红色，表面有出血性斑点。腹腔及心包有淡黄色渗出液。

2. 亚急性和慢性型

（1）死胚、弱雏、脐炎。这是由于产蛋母鸡患有大肠杆菌性输卵管炎或卵巢炎、卵被污染或种蛋被病原菌污染而未很好消毒所致。其特征是后期死胚明显增多，有时出现"爆蛋"，弱雏多。弱雏腹部大，体表潮湿，脐孔开张、红、肿、有炎性渗出物或形成"钉脐"。弱雏多在1周内死亡，剖检可见卵黄吸收不良，囊壁充血、出血，内容物稀薄，呈灰绿色，或黏稠、干酪样。进一步确诊需要进行细菌学检查。

（2）浆膜炎。常见于5～8周龄的肉鸡，主要发生于冬季或继发于新城疫、法氏囊病、慢性呼吸道病等原发病。临床表现腹水症、呼吸困难，最后衰竭死亡，一般无治疗价值。剖检可见心包膜、气囊、腹膜、内脏器官被膜等浆膜发生广泛性的浆液性（心包积液、腹水）和纤维素性（绒毛心、肝周炎、气囊增厚或凝卵样渗出物）浆膜炎。

（3）输卵管炎及卵黄性腹膜炎。主要见于管理不善的产蛋鸡，或在非典型新城疫发生之后病鸡停产，鸡冠逐渐萎缩、苍白，消瘦、最后衰竭死亡。病死鸡腹部膨大、变绿，粪便中含有蛋清，凝固蛋白或蛋黄。发病鸡群产蛋量下降，并产出畸形蛋、软壳蛋（图2-1）和带菌蛋，严重者会停止产蛋甚至死亡后剖检可见输卵管高度扩张，内积凝卵样渗出物，有的输卵管萎缩，腹腔充满淡黄色腥臭的液体和破裂的黏稠卵黄，腹腔脏器表面覆盖一层淡黄色凝固的纤维素性渗出物，内脏器官粘连。卵泡变形、变色，液化或干酪化。肠黏膜肿胀、充血、出血。多见于产蛋期母鸡，大多表现为慢性输卵管炎。

图2-1　软壳蛋

（4）关节炎及滑膜炎。多见于幼、中雏，常是败血型大肠杆菌病的转归。病雏关节、足垫肿胀，跛行，运动和采食困难。关节腔有黏稠且浑浊的浆液性、纤维素性或脓性炎性渗出物，滑膜肿胀、增厚。少数病雏可在1～2周康复，但大部分因维持慢性感染而导致生长发育停滞，最终被淘汰。从此类病鸡的关节和足垫中常能分离到 *E. coli*。

（5）眼球炎。单侧或双侧眼肿胀，有干酪样渗出物，眼结膜潮红，病情严重者可导致失明（图2-2）。

图2-2　眼球炎

（6）鸡大肠杆菌肉芽肿。这是较罕见的一种病型。病鸡消瘦，无特定症状，在肠浆膜、肠系膜、心外膜等部位见黄白色大小不等的结节样肉芽肿病灶。

（7）皮肤病变。近年来，英国、德国、日本、加拿大等国肉禽处理中发现肉鸡的皮肤蜂窝织炎（靠近泄殖腔部、大腿部，偶尔见于背部），在屠宰脱毛后方能发现。在肉禽处理场，该病的淘汰率为0.5%～2.0%，有时可超过5%，肉眼见凸起的皮肤呈淡黄色或赤褐色，偶尔见结痂。皮下组织见浆液性、纤维素性渗出物、化脓性渗出物或肉芽组织。研究人员从病变的大腿部、背部、泄殖腔周围的皮肤组织中不仅分离到大肠杆菌（血清型为O78、O2、O9），还分离到铜绿假单胞菌、肠道细菌、变形杆菌和棒状杆菌。研究人员分离的大肠杆菌主要是O21：K1。用分离的大肠杆菌接种鸡，可出现同样的皮肤病变。关于皮肤病变的机理，有研究人员探讨了 E. coli 内毒素对鸡皮肤的损害，认为 E. coli 内毒素增加皮肤血管的渗透性，引起血管周围淋巴细胞浸润，使局部充血、淤血、坏死。

三、病理剖检变化

初生雏鸡脐炎死亡后可见脐孔周围皮肤水肿，皮下淤血、出血、水肿，水肿液呈淡黄色或黄红色，脐孔开张。新生雏以下痢为主的病死鸡以及脐炎致死鸡均可见卵黄没有吸收或吸收不良，卵囊充血、出血，囊内卵黄液黏稠或稀薄，多呈黄绿色。肠道呈卡他性炎症。肝脏肿大，有时可见散在的淡黄色坏死灶，肝包膜略有增厚。

与霉形体混合感染的病死鸡，多见肝脾肿大，肝包膜增厚、呈黄白色、不透明、易剥脱。在肝脏表面形成的这种纤维素性膜有的呈局部发生，严重者整个肝脏表面被此膜包裹，此膜剥脱后肝脏呈紫褐色；出现心包炎时，心包膜增厚、不透明，心包积有淡黄色液体；气囊炎也是常见的变化，胸部和腹部气囊壁增厚呈灰黄色，囊腔内有数量不等的纤维素性渗出物或干酪样渗出物。有的病死鸡可见输卵管炎，黏膜充血，管腔内有不等量的干酪样渗出物，严重时输卵管内积有较大的块状物，输卵管壁变薄，块状物呈黄白色，切面轮层状，较干燥。有的腹腔内可见外观为灰白色的软壳蛋。较多的成年鸡还可见卵黄性腹膜炎，腹腔中有蛋黄液广泛地分布于肠道表面。稍慢死亡的鸡腹腔内有多量纤维素样渗出物粘在肠道和肠系膜上，腹膜发炎、粗糙，有的可见肠粘连（图2-3）。

图2-3　剖检变化

大肠杆菌性肉芽肿较少见到。小肠、盲肠浆膜和肠系膜可见到肉芽肿结节，肠粘连不易分离，肝脏则表现为大小不一、数量不等的坏死灶。其他剖检病变（如眼炎、滑膜炎、肺炎等）只是在该病发生过程中有时可以见到。

四、诊断

1.初步诊断

初步诊断根据流行病学资料、病史、临床症状，尤其是病理变化，即可作出判断，确诊必须进行生化试验和微生物学检验。

2.革兰氏染色

将具有纤维素性肝周炎和有坏死点的肝脏做触片，革兰氏染色后，显微镜下观察（图2-4）可见多量革兰氏阴性短杆菌，菌端钝圆，单个散在或成双排列，菌体着色均匀。其培养物做成染色标本片检查时，同样看到单个散在、菌端钝圆、无芽孢、革兰氏阴性的短杆菌。本菌不能运动。

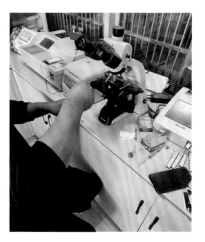

图2-4　显微镜下观察

3. 生化试验

该菌分解乳糖和葡萄糖，产酸产气，不分解蔗糖，不产生硫化氢，VP试验（微生物检验中常用的生化反应之一）阴性，利用枸橼酸盐阴性，不液化明胶，靛基质及MR反应（美拉德反应，也称羰氨反应）为阳性。

4. 致病性试验

经上述步骤鉴定的大肠杆菌，用其24 h肉汤培养物注射雏鸡或小白鼠，即可测知其致病力。

5. 其他

以上方法较为烦琐，费用较高，近年来采用了一些先进的诊断方法，如PCR鉴定、生物素标记的ST基因探针检测、应用单克隆-胶乳试剂检查、β-葡糖苷酸酶显色测定等。

五、鸡大肠杆菌的耐药性、残留现状

1. 鸡大肠杆菌的耐药性现状

在抗菌药物应用于临床的半个多世纪以来，细菌的耐药性呈日趋严重和突出的趋势。抗菌药物是治疗临床疾病、维持动物健康和生产的重要手段，但也是促进动物和人类耐药性微生物产生、选择和传播的重要因素。由于只片面地看到抗菌药物的抗菌作用，医学专业知识水平相对低下、生物学领域科技水平的历史局限性及疾病治疗过程中资金不足等多种原因，已造成世界范围内抗菌药物的过度、广泛、不当使用。抗菌药物在养殖业的大量使用，随之而来的是病原菌对抗菌药物的耐药性不断产生并越来越严重。在兽医临床和畜牧业生产中突出表现为人、畜、禽同药和抗菌药物在畜禽规模化养殖过程中往往以添加剂的形式大量使用，造成细菌耐药性通过畜产品和环境等多种途径传播。抗菌药物的不当使用给细菌造成的选择性压力、细菌固有的生理应激能力、细菌具有极强的变异能力等，使细菌很快产生耐药性，且耐药水平不断提高，并且由单药耐药向多药耐药发展。

抗生素不但能引起接受治疗的个体或群体体内病原菌产生耐药性，而且能引起整个内源性菌群产生耐药。中国养殖业抗生素使用不规范，存在泛用和滥用现象。相当多的养殖场从雏鸡出壳就开始使用抗菌剂，并且终身投药。中型和大型鸡场，一般采用集中笼养，通常为高密度饲养的鸡群群体投放抗菌药物，所以耐药性的产生一般是群体性和区域性的。在抗菌药物的高压下，鸡群粪便中可能含有高比例的相关药物耐药菌。通过食物链摄入，不但能将致病性耐药菌传递给人类，而且能将内源性耐药菌群的耐药基因扩散到环境并传递给人类致病菌，使抗菌药物对人类疾病的治疗效果下降或消失，这是威胁人类健康的公共卫生问题。

国内对兽医领域抗菌药物的耐药性缺乏有计划和系统的监测，因此很难准确评价细菌对我国兽用抗菌药物的耐药性。总体来说，由于抗菌药物的滥用和不合理应用十分普遍，细菌的耐药性相当严重。许多兽医临床工作者反映，抗菌药物的治疗效果比以前差，用药剂量不断加大。例如，1994年恩诺沙星刚在我国应用时，治疗鸡的消化系统和呼吸系统疾病一般用25～50 mg/L饮水，治疗效果相当好，现在用到100mg/L治疗效果也不好，有人甚至已用200 mg/L，这虽然是个别兽医临床工作者的反映，但也从一个侧面反映了耐药性的严重。另外，近年来关于细菌的耐药性也有一些监测报告。例如，研究人员从北京和河北地区的病死鸡中分离出的71株大肠杆菌中，79%耐受所检测的19种抗菌药物中的至少8种，3%耐受16种。研究人员对2000—2003年兽医临床分离的165株鸡大肠杆菌，进行9种常用抗生素的敏感性检测，其中98%的分离株耐受四环素，94.76%耐受氯霉素，91.65%耐受利福霉素。研究人员对从江西、辽宁、广西三个省份的鸡场中分离到的204株大肠杆菌进行耐药性监测，结果表明，分离株对四环素的耐药性高达92.2%，对二氟沙星、萘啶酸、磺胺的耐药性也都高于80%，各地区分离的大肠杆菌对抗菌药物的耐药趋势表现出一致性，耐药顺序基本一致。以上报道不能全面代表兽用抗菌药物现状，但也足以说明耐药性问题的严重性。

从家禽分离的大肠杆菌常对一种或多种药物具有耐药性，尤其是对那些长时间广泛应用的药物（如四环素等）。从临床患病的鸡、火鸡和鸭中分离到的包括大肠杆菌在内的细菌谱已经确定，应进行药物敏感性试验，以免应用无效的药物。即使药效很好的药物，若剂量太小或药物不能达到感染部位，也不能产生良好的治疗效果。低剂量氨苄青霉素逐渐递增（1.7 g/t和5 g/t）饲喂雏鸡发现，细菌耐药性与饲料中抗生素的含量有直接关系。

大肠杆菌对抗生素的耐药性问题已在世界范围内引起重视。目前，欧洲抗生素耐药监督系统发出警告，大肠杆菌的耐药性增高，该系统负责监控来自28个国家700个实验室提供的各种主要微生物病原体资料。这个机构最近发现，大肠杆菌对氟喹诺酮类药物的耐药性明显且一致地增高。一些曾针对鸡大肠杆菌病的特效药物已经失去了应用价值。而新抗生素的研究速度远远跟不上大肠杆菌耐药性的产生速度。耐药菌株比例的增多常导致抗菌药物治疗失败，死亡率增高，严重影响养禽业的发展。

耐药性一般是在接触抗菌药物后才出现，但在没有使用抗菌药物的情况下，细菌也可以自发产生耐药性。氯霉素从未在美国的养禽业中使用过，但在鸡源大肠杆菌分离株上已经发现对氯霉素类药物氟砜霉素的耐药性。已有研究证实，人与人之间、动物与动物之间均存在耐药基因的传递问题。如那些本身与抗生素没有直接接触，但却处于正在或曾与抗生素接触的人附近，均发现携带有大量耐药质粒。而世界上从未使用过抗生素地区的人群体内，也发现了这些耐药质粒。动物的情况也与人相似。关于人和动物之间耐药质粒的传递问题，一直存在着争论，但已有试验证明，耐药基因可以在人和动物之间传播。研究人员用携带标记耐氯霉素和四环素类药物的pSL222-6的鸟源大肠杆菌感染了2只母鸡，然后对曾与这些鸡接触的人进行了2个月的研究，结果在人体内发现了上述质粒。由此可见，

滥用抗生素而导致动物的细菌耐药性问题确实应该引起人们的高度重视。

由于新药开发速度有限，开发新型抗菌药物来应对全球耐药性问题的难度非常大。人们也已认识到耐药性是一个社会问题，乃至威胁到全球稳定和国家安全。正因为如此，细菌耐药性问题越来越引起医药界的广泛关注，近年来关于细菌耐药性的研究成为分子生物学领域的热点，在一些发达国家和地区这项研究已有相当的深度，特别对细菌耐药性机制目前已有了较为全面的认识。这些机制可以概括为三个方面：一是细菌固有耐药系统的激活和自发的基因突变；二是细菌在选择性压力下发生基因突变；三是耐药性的移动因子（如质粒、转座子、噬菌体等）的介导。细菌通过这三种途径，或是产生灭活抗菌药物的酶使药物在作用于菌体之前即被破坏或失效；或是细胞膜和/或细胞壁的某些结构发生变化，对抗菌药物的进入形成渗透屏障或/和将已进入的药物通过膜上的外输泵主动外输，使菌体内抗菌药物达不到有效浓度而产生耐药；或是药物作用靶位发生改变使抗菌药物不易结合而产生耐药；或是代谢途径的改变而导致耐药。多重耐药可能是上述两种以上机制综合作用的结果。

2. 抗菌药物残留现状

目前，我国是世界上最大的肉类生产国，但是我国肉类出口量只占生产量的1%左右，而丹麦、新西兰、澳大利亚等国的出口量占本国总产量的40%。同其他国家相比，我国肉类食品具有较大的价格优势，但是低廉的价格并未给我国肉类食品带来国际竞争力。其中一个重要原因，就是我国肉类食品的安全性严重妨碍了出口量。近年来，因兽药残留而被进口国拒绝、扣留、退货、索赔和终止合同的事件时有发生。2002年4月，韩、日两国政府有关部门完全禁止从我国进口家禽和禽类产品，给我国养禽业产品出口带来巨大损失。而紧邻我国的泰国1996年以来鸡胸肉出口欧盟，鸡腿肉出口日本，是泰国十大出口创汇产品之一。2004年，我国出口的食品、农产品因药残超标而遭美国食品药品管理局扣留的就达97批次。2006年，宁波某进出口公司27.5 t烤冻鳗由于被检测出硝基呋喃类代谢产物超标而遭到日方退货，损失高达54.6万美元。我国在因产品质量问题丢失了欧洲市场、出口量萎缩的同时，美国鸡肉却打进了中国市场。我国肉类产品由于质量问题严重影响了出口创汇能力。

我国在养殖业中大量超标使用不利于人体健康的抗生素，饲养环境污染加剧，如何保证动物性食品的安全已成为亟待解决的问题。我国从20世纪90年代初开始制定药物在动物性食品中的最高残留限量标准和检测方法，现今也已制定了一些符合国际标准的药物残留指标。但由于我国的禽畜养殖和屠宰以个体分散为主，检验和监控难以落实到位，实际技术标准和安全指标较低，与国际标准还有较大的差距。

目前，我国肉蛋奶的出口形势仍相当严峻。在世界贸易组织框架下，发达国家低价、低残留的动物性食品正在大量涌入我国。如果不积极采取有效措施，不但我国的动物性食

品出口受限，在国内市场也会受到严重冲击。

关于如何解决我国动物性食品中兽药残留问题，有研究人员提出以下几个设想：一是加强动物源性食品安全的法规体系建设；二是加强兽药管理体制建设；三是加强兽药残留标准建设；四是加强兽药残留的科技支撑计划；五是加强兽药残留的舆论监督与宣传教育。

值得欣慰的是，虽然我国兽药残留的研究工作起步较晚，但有关部门已开始重视这个问题，制定了各种监控兽药残留的法规，修订了《动物源性食品中兽药残留最高限量标准》，并开始建立全国范围的兽药残留监控体系。

第二节　中兽药在防治家禽大肠杆菌病中的应用

在防治鸡大肠杆菌病的研究中，中兽药的应用越来越引起人们的重视。大量研究证明，多味中兽药及中兽药复方对鸡大肠杆菌病具有良好的防治作用。对其治疗机理的研究，主要集中在以下几个方面。一是中药对细菌菌株的抑菌杀菌作用，该研究方向的思路和方法逐渐成熟固定，但并不能全面地解释中兽药的治疗机理；二是中兽药抗内毒素的作用与抗炎症损伤作用，大肠杆菌病是由大肠杆菌引起的多器官、多系统参与的疾病，在疾病的发展过程中，菌体快速生长和死亡所释放的内毒素对肝脏、肾脏、肺脏和心脏等主要脏器造成极大的病理伤害，而动物机体各脏器器官的机能状况影响着该病的预后和转归，中兽药具有较强的抗内毒素及其诱生细胞因子的作用，可以调节机体机能状态，减缓炎症的发生，降低脏器损伤程度；三是中兽药及中兽药复方对耐药菌株耐药性的消除作用，已有试验证明中兽药大黄、黄连、菱仁等对大肠杆菌耐药质粒的消除效果较好。

一、中兽药的抑菌作用

大量研究表明，单味中兽药及复方中兽药均具有一定的抑菌作用。研究人员通过抑菌试验证明，禽大肠杆菌对牛至提取物高度敏感。研究人员通过平板稀释法和管碟法观察了马齿苋、穿心莲、诃子等23味常用中药和三黄汤等18个复方的抑菌效果，发现诃子、秦皮、黄连、大黄等单味药对大肠杆菌抑菌效果较好，而三黄汤、黄连解毒汤、黄白柴胡汤等清热解毒类复方最低抑菌浓度也比较理想。研究人员发现，多味中兽药对不同血清型的禽大肠杆菌的敏感性有较大差异，且药物配伍组合皆能表现为协同作用，显示出了中兽药具有配伍优势。

二、中兽药的抗内毒素作用

细菌内毒素（ET）由脂多糖和蛋白质复合而成，其致病性及危害性已引起医药学界的普遍关注，ET拮抗药的研究已成为生命科学的热门课题。西药多从抗ET抗体研究着手，取得了一定成果，但因抗体研究费用昂贵，现已重视天然药物的研究。近几十年来，已发现近百种单味中兽药、中兽药复方及中兽药化学成分有抗ET作用。

一些研究观察到中兽药及复方在体外对内毒素有直接的清除作用，如金银花、连翘、穿心莲、赤芍、大黄、黄连、大青叶、丹参、双黄连粉针、清开灵注射液、板蓝根注射液、热毒平、鱼腥草注射液等在体外具有较好的拮抗内毒素作用。而对体内的内毒素清除作用机理研究发现，该作用通常为两个途径，即被机体解毒机制解毒和被药物解毒灭活，从而被机体排出体外。与之相应的中兽医治法为益气解毒、清热解毒、通腑解毒。益气解毒法的本质是应用益气扶正方剂提高机体以网状内皮系统的吞噬活性为主的对内毒素的解毒机制，从而清除血流中的内毒素；清热解毒法的实质是应用清热方剂直接使体内的内毒素解毒灭活，并对抗内毒素所致机体发热等多种"热象"；通腑解毒法的实质是应用能荡涤肠腑的攻下之品清除肠道内毒素，并改善肠道血液循环，以减少肠源性内毒素的吸收。

三、中兽药对鸡大肠杆菌耐药性的消除作用

1. 消除R质粒

目前普遍认为，R质粒携带了很大一部分耐药基因，与细菌的耐药性存在着很大关系。因此，如果能消除R质粒，那么在一定程度上能够解决细菌耐药性的问题。R质粒的消除是近些年该方向研究的热点，并已发现了溴化乙锭（EB）和吖啶类等R质粒消除剂。但这些物质本身具有较强的毒副作用，不能投入临床应用。已有研究表明，我国的部分中兽药具有消除耐药质粒的作用。

研究人员1995年就报道了中兽药娄仁对大肠杆菌（HB101/PBR322）质粒的消除作用。研究人员报道黄连、黄芩对多重耐药性大肠杆菌E120株的R质粒具有显著的消除作用。研究发现，鱼腥草、紫草以及中兽药成分大蒜油对大肠杆菌的某些耐药质粒有消除作用。另外，白头翁、黄柏、苦参等单味中兽药也认为是较好的R质粒消除剂。

尽管中兽药在消除大肠杆菌R质粒方面取得了一些突破，具有广阔的前景，但是，也存在一些问题。其中，最为突出的一点就是这些中兽药的R质粒消除率较低。综合文献报道，绝大多数的中兽药其消除率为10%~20%，少数也能达到46%，这显然不能彻底解决R质粒带来的耐药性问题。此外，对于中兽药消除R质粒的研究还停留在对其消除效果的观察上，至于中兽药或中兽药成分对R质粒消除的具体作用机制目前研究得还较少。也正是由于中兽药的这种作用机制还不是很清楚，人们在选择试验中兽药时显得很盲目。因此，要从根本上提高中兽药对R质粒的消除率，就要深入研究中兽药消除质粒的机理。

2. 抑制β-内酰胺酶

β-内酰胺酶是大肠杆菌分泌到细胞间隙的一种水解β-内酰胺环的生物酶类，因此，它能水解破坏β-内酰胺类抗生素的β-内酰胺环结构，使其灭活失效。迄今为止，已有大量

天然的和合成的β-内酰胺酶抑制剂的报道，如克拉维酸、舒巴坦等。而有关中兽药抑制β-内酰胺酶的报道较少。研究人员通过抑酶试验测定了大蒜等多种中兽药的提取液对耐青霉素细菌所产生β-内酰胺酶的抑制作用，结果表明各种提取液均有不同程度的抑制效果。

3. 抑制主动外输泵

目前，抑制大肠杆菌主动外输泵的中兽药还未见报道。而中兽药对金黄色葡萄球菌的主动外输泵的研究报道较多。研究人员报道了4种中兽药提取物浙贝母、射干、穿心莲和菱角对外输泵介导的金黄色葡萄球菌耐药性有抑制作用，但其有效成分及作用机制有待进一步研究。研究发现，粉防己碱、蝙蝠葛碱能够阻断多重耐药细胞的药物外排过程而逆转多重耐药。另据报道，从小檗碱中分离纯化得到的化合物以及从甘草中分离纯化的黄酮衍生物也能明显抑制金黄色葡萄球菌与耐药相关的外输泵基因 *NorA* 表达。基于上述研究，中兽药也有可能抑制大肠杆菌的主动外输泵系统。

第三章

锦心口服液防治家禽疾病理论基础

第一节　锦心口服液概述

一、锦心口服液组成及配伍原则

锦心口服液处方源自《中药成方制剂》第18卷"复方黄芩片"，该处方由黄芩、虎杖、穿心莲和十大功劳组成，具有清热解毒、凉血消肿的功能，临床用于咽喉肿痛，口舌生疮，感冒发热，大肠湿热泄泻、热淋涩痛，痈肿疮疡。本方在此基础之上，加入地锦草药对，调整各药味比例，组成加味的苦寒燥湿之方。

本方由五大味大苦大寒之品组成，为清热解毒、凉血止痢的良方。方中地锦草和穿心莲具有清热解毒、凉血止血的功能，主治湿热下痢、肠黄便血之症；十大功劳和黄芩具有清热燥湿、解毒止痢的功能，可辅助治疗肠黄泻痢、湿热黄疸等症状；虎杖具有活血定痛、祛风利湿的功效，可辅助用于清热解毒、活血化瘀止痢等治疗作用。以上五味配伍使用，共奏清热、解毒、止痢之效，主治大肠杆菌导致的气囊炎、腹膜炎、心包炎、肝周炎、浆膜炎等；厌氧菌导致的坏死性肠炎、输卵管炎治疗时也可使用（图3-1、图3-2）。

图3-1　锦心口服液　　　　　　　图3-2　锦心口服液国家新兽药证书

二、产品优势

锦心口服液有以下几大优势。

一是国家三类新兽药，天然植物药，无毒副作用。

二是可替代抗生素使用，安全有效，不易产生耐药性，暂无休药期。

三是性价比高，不高于抗生素使用成本。

四是可以降低细菌的耐药性、恢复其对抗生素的敏感度。

三、产品检测标准

使用薄层色谱法对锦心口服液进行检测，结果如图3-3、图3-4所示。

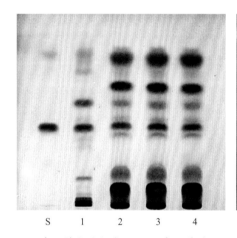

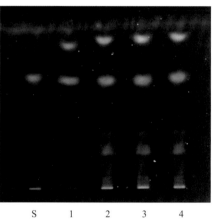

S—穿心莲内酯标准品；1—穿心莲对照
药材；2～4—供试品。

图3-3 锦心口服液穿心莲薄层色谱

S—大黄素对照品；1—虎杖对照药材；
2～4—供试品。

图3-4 锦心口服液虎杖薄层鉴别色谱

四、作用机理

1. 抗渗出

穿心莲内酯能减少白细胞从毛细血管壁的渗出，对白细胞游走有明显的抑制作用。抑制纤维性渗出。

2. 抗菌

十大功劳中的巴马亭、小檗碱和药根碱具有抗菌作用。

3. 抗出血

地锦草能快速缩短凝血时间和出血时间。

4. 抗炎

穿心莲内酯抑制白细胞内白三烯B3、白三烯B4的生物合成以及人工三肽（MF LP）激发的白细胞内Ca^{2+}升高，并能提高多形核白细胞（PMNL）内环磷酸腺苷（cAMP）水平。

5. 抗内毒素

其有效成分能迅速改善败血症、脓毒血症，恢复机体机能。

第二节　锦心口服液的处方及选择依据

锦心口服液由地锦草、穿心莲、十大功劳、黄芩和虎杖五味药材配伍使用，具有清热、解毒、止痢的功效。下面介绍一下各味药材的药理作用和临床应用情况。

1. 地锦草

地锦草又名斑地锦，为大戟科植物地锦草的干燥全草，一年生草本，秋季采集，全草洗净晒干作药用。

性味归经：苦、辛，平；入肝、胃、大肠经。

功能：清热解毒、凉血止血，常用于痢疾、肠炎、咳血、尿血、便血、崩漏、疮疖痈肿。

地锦草化学成分主要为黄酮、甾醇及鞣质类化合物。笔者对近年来有关地锦草的药理学研究进行了归纳整理，以增强人们对地锦草药理作用的全面了解，更好地将其应用于临床。

（1）抗细菌作用。地锦草鲜汁、水煎剂及水煎浓缩乙醇提取物等对金黄色葡萄球菌、白色葡萄球菌、溶血性链球菌、卡他球菌、白喉杆菌、大肠杆菌、伤寒杆菌、副伤寒杆菌、施氏志贺菌、福氏志贺菌、宋内志贺菌、铜绿假单胞菌、肠炎杆菌、猪霍乱沙门菌等多种致病性球菌及杆菌有明显的抑菌作用。研究人员用100%地锦草浸出液开展体外抑菌试验，结果对金黄色葡萄球菌、白色葡萄球菌、铜绿假单胞菌、大肠杆菌、伤寒杆菌、甲型链球菌、乙型链球菌均有明显抑菌效果。

（2）抗真菌作用。地锦草提取物作用于皮肤癣菌后，真菌细胞表面皱缩不平，有严重皱褶、破裂现象；电子显微镜下可见真菌细胞壁不完整，局部有缺损，厚薄不均，细胞膜轮廓不清，局部有破损，细胞内细胞器损伤严重，多见空泡化，细胞内成分聚集成电子密度较高的团块，揭示了地锦草的抗真菌作用机制，对真菌的生长具有抑制作用。地锦草软膏是维吾尔医学临床常用的复方制剂，由地锦草、天仙藤、毛诃子、没食子和苦参等药材组成，具有清热解毒、凉血止血的功效。维吾尔医常用其治疗手癣、足癣、体癣、白花癣等皮肤浅表性真菌感染，疗效显著。

（3）止血作用。地锦草能快速缩短小鼠的凝血时间及出血时间，显著增加血小板数量。研究人员用地锦草灌胃后在小鼠内眦取血，用毛细玻璃管法测定凝血时间，用小鼠断尾法测定出血时间，结果显示地锦草具有快速缩短凝血时间的作用，能显著增加血小板数量。

（4）护肝作用。地锦草水煎剂对小鼠肝损伤有明显保护作用，可显著降低D-半乳糖所致的谷丙转氨酶（SGPT）升高，显著降低异硫氰酸α萘酚所致的SGPT、谷草转氨酶（SGOT）以及血清胆红素升高。地锦草醇提取物可显著降低四氯化碳（CCl_4）所致小鼠的SGPT及过氧化物丙二醛（MDA）升高，提高肝脏超氧化物歧化酶（SOD）活力，对小鼠急性肝损伤具有保护作用，提示地锦草具有保肝作用。

（5）止痒抗过敏免疫调节作用。地锦草具有清除羟自由基和抗DNA氧化损伤的作用，可提高机体的非特异性免疫功能，增强机体免疫器官的抗氧化能力，有效清除机体内产生的多种活性氧，从而保护机体组织细胞；并能抑制细胞免疫反应和各种因素引发的过敏反应。研究表明，地锦草有良好的止痒、抗过敏作用。

2. 穿心莲

穿心莲为爵床科穿心莲属植物，别名一见喜、斩蛇草、苦草、橄榄莲，广泛分布于我国福建、广东、广西、海南、云南等地。穿心莲为常用中药，具有清热解毒、凉血消肿等功效，临床上多用于呼吸道感染、急性菌痢、肠胃炎、感冒发热及高血压等疾病的治疗。随着抗生素滥用及不良反应的增加，开发具有良好抗菌效果的中药的呼声越来越高。穿心莲作为抗菌作用显著的中药，越来越受到医药界关注。现就其主要药理及临床应用、不良反应等近10年来的研究综述如下。

（1）解热、抗感染。研究试验表明，穿心莲内酯具有抑制和延缓肺炎双球菌和溶血性乙型链球菌引起的体温升高的作用，对于伤寒、副伤寒菌苗所致发热的家兔或2,4-二硝基苯酚所致发热的大鼠有一定的解热作用，对同时感染肺炎双球菌和溶血性链球菌培养物所致发热家兔能延迟体温上升时间，减弱体温上升程度。陈国祥等（2000）发现，穿心莲灌服对大鼠注射致炎模型均有明显抗感染作用，且见效快，于30 min开始，可维持8 h之久，其中大剂量组作用略强于阿司匹林。穿心莲制剂作为广谱抗菌药广泛应用于各类感染性疾病，尤其是穿琥宁注射液，因对呼吸道感染、胃肠道疾病、带状疱疹、手足口病等疗效确切迅速，已列入全国中医院急诊科室首批必备纯中药制剂之一。

（2）抗菌、抗病毒。临床研究表明，穿心莲具有抑菌作用，能促进白细胞的吞噬作用，对菌苗所致发热的家兔有解热作用。穿心莲能抗菌消炎，可治疗细菌性痢疾等疾病。侯庆昌等（1998）研究发现，用维持培养液稀释的穿心莲水提物对宿主McCoy细胞无破坏作用，因此认为，其抗衣原体活性无破坏宿主细胞的间接作用，而对衣原体生长具有直接抑制作用。

（3）抗肿瘤。李玉祥等（1999）以抑制细胞增殖为检测指标，用人体癌细胞株为供试体，对穿心莲提取物的抗癌活性进行了测试，发现该药对乳腺癌细胞株MCFv、肝癌细胞株HEPG2、肠癌细胞株HT29、SW620和LS180均有不同程度的增殖抑制作用。孙振华

（1999）研究表明，穿心莲内酯与硫酸氢钠制备的莲必治注射液的体外研究与动物试验均对胃癌、肝癌、肺癌、乳癌等有确切抗癌作用。穿心莲内酯具有抗肿瘤、消炎抗菌、抗病毒感染等广泛药理作用。在抗肿瘤方面的研究发现穿心莲内酯具有抗胃癌、肝癌、肺癌、乳癌、食管癌、舌癌、皮肤癌、膀胱癌、肺癌、前列腺癌等多种肿瘤的作用。其抗肿瘤的机制可能与诱导肿瘤细胞的凋亡、抑制细胞周期、提高淋巴细胞抗肿瘤活性等方面有关。

（4）抗心血管疾病。①抗血小板聚集。穿心莲对腺苷二磷酸（ADP）和肾上腺素诱导的血小板聚集有明显抑制作用，而对花生四烯酸和瑞斯托霉素诱导的血小板聚集反应无明显影响。研究人员通过体外组61例和体内组8例试验观察，发现穿心莲提取物对ADP诱导的血小板聚集反应有显著抑制作用，在体外这种作用程度稍强于川芎嗪、双嘧达莫注射液。张瑶珍等（1994）通过20名志愿者服药前后血浆及血小板5-羟色胺的测定证明穿心莲能显著抑制血小板释放5-羟色胺，透射电镜观察到无论是体外加药还是服药后，穿心莲均能明显抑制ADP诱聚所致的血小板管导系统扩张及颗粒释放。②降低血压。穿心莲注射液（4 mg/kg）静脉注射可使麻醉大鼠与犬的血压发生快速而持久的下降，其降压作用具有快速耐受性，但不能逆转静脉注射肾上腺素引起的升压作用，推测其无α-受体阻滞作用。③抗心肌缺血-再灌注损伤（IRI）。穿心莲的黄酮类成分API0.134能改善IRI犬的心肌功能，缩小梗死范围，降低心肌损伤程度，减少再灌注性心律失常的发生。④抗动脉粥样硬化（AS）。预防性给予穿心莲有效成分API0.134可明显减少试验性AS兔主动脉内膜脂质斑块的面积，抑制动脉壁血小板生长因子B链蛋白（PDQF-B）、原癌基因c-sis mRNA和c-mye mRNA的阳性表达。

（5）不良反应。穿心莲片、胶丸在临床应用中，会发生药疹、肠道反应、过敏性心肌损伤、毒性反应、过敏性休克等不良反应。穿心莲注射液有4例过敏性休克报道，其中1例死亡。穿琥宁注射液的主要不良反应有皮肤过敏、过敏性休克、血小板减少、哮喘样变态反应等。穿心莲制剂不良反应不容忽视，其中过敏反应出现的概率较高，应提高警惕。临床应用中应询问过敏史，并尽量单一使用，严格控制注射剂的滴注速度。

3.十大功劳

十大功劳属（Mahonia）植物系灌木或小乔木。现代药理学研究证明，十大功劳属植物具有广泛的药理活性，具有抗菌、消炎、抗病毒、抗癌、抗心律失常、降血糖等作用。现对其活性的研究综述如下。

（1）抗菌消炎。Cernakova等（2002）研究表明，从阔叶十大功劳中分离得到的小檗碱对大肠杆菌、枯草杆菌、金黄色葡萄球菌等17种细菌具有明显的抑制作用。Vollekova等（2003）用从阔叶十大功劳中分离得到的巴马亭、小檗碱和药根碱进行抑菌试验，发现三者均具有抗霉菌作用，巴马亭的抗霉菌作用要强于小檗碱和药根碱。此外，研究还证实从阔叶十大功劳中分离得到的异喹啉类生物碱对马拉色菌属细菌也有抑制作用。

（2）抗肿瘤。朱希伟（1986）通过试验证实了小檗胺具有抑制多种肿瘤细胞增殖的作用，但并未阐明其作用机理。林菁（1996）发现小檗碱对人白血病、骨髓瘤、肝瘤等多种肿瘤细胞的生长有明显的抑制作用。Sanders等（1998）证实了巴马亭对SF-268神经胶质细胞瘤细胞有抑制作用，而对RPMI8402淋巴母细胞瘤无效。Lin（1999）发现小檗碱能抑制结肠瘤细胞环氧化酶-2（COX-2）表达，从而产生抑制肿瘤细胞生长的作用，其抑制作用随剂量增加而增大。小檗碱还能显著抑制人乳腺癌阿霉素耐药细胞（MCF-7/ADR）及乳腺癌细胞（MCF）的增殖。王筠默（2002）从十大功劳中分离得到的异汉防己碱对小鼠艾氏腹水癌也有很好的抑制作用。

（3）抗病毒。曾祥英等（2003）用十大功劳为原料，以鸡胚试验技术为辅助手段进行筛选，发现十大功劳中的生物碱成分具有良好的抗流感病毒作用。

（4）杀虫。Zhao等（1993）研究发现，1%浓度单面狭叶叶和阔叶十大功劳茎叶甲醇提取物对家蝇48 h有较好的毒杀作用，分别为58.62%和67.86%。阔叶十大功劳甲醇提取物对亚洲玉米螟3龄幼虫的也表现出一定的毒杀或抑制生长发育现象。Chen等（1986）用浸虫浸叶法测定了狭叶十大功劳植物甲醇提取物对柑橘红蜘蛛的杀灭活性中等，24 h校正死亡率为60%～90%。

（5）逆转肿瘤细胞多重耐药。研究发现十大功劳提取物可以提高阿霉素对耐药肿瘤细胞的细胞毒作用，增加了耐药肿瘤细胞内的抗肿瘤药物浓度，具有逆转肿瘤细胞多重耐药的作用。研究人员用十大功劳提取物来逆转肿瘤细胞的多重耐药，通过对细胞、RNA及蛋白质水平的4个不同指标检测，证实了十大功劳的提取物具有逆转肿瘤细胞多重耐药的作用。

4. 虎杖

中药虎杖为蓼科多年生草本植物虎杖（*Polyonum cuspidatum* Sieb. et Zucc.）的干燥根茎和根，入药始见于《雷公炮炙论》。性味苦寒，归肝、胆、肺经，有利胆退黄，清热解毒，活血化瘀，祛痰止咳等功效，临床主要应用于治疗湿热黄疸、淋浊带下、烧烫伤、痈肿疮毒、毒蛇咬伤、血瘀经闭、跌打损伤、肺热咳嗽、热结便秘等疾病。虎杖药源丰富，因其具有广泛的药理活性，对机体多个系统、多种疾病具有治疗作用，近年来对该药药理作用的研究逐渐成为热点。为促进对虎杖进一步的开发应用，现就近5年来虎杖药理作用的研究综述如下。

（1）对心血管系统的药理作用。①扩血管作用。虎杖扩血管作用的研究较早。骆苏芳等（1999）研究显示，虎杖的有效成分白藜芦醇苷具有扩张血管、降低血压的作用，1.71 mmol/L白藜芦醇苷可非竞争性抑制去甲肾上腺素引发的家兔离体肺动脉收缩，但对肺动脉的舒张作用可被α受体阻断剂普萘洛尔减弱。利用荧光染料及黏附式细胞仪观察虎杖苷对大鼠血管平滑肌细胞膜电位的影响发现，其可使正常细胞膜去极化，作用机制可能与钠-钾通道开放有关，此过程亦可能被α肾上腺素能受体及组织胺受体调节。近期研究显示，酚妥拉明、苯海拉明可明显减弱虎杖的扩张血管作用，说明这种作用与α受体、H1受体有关，与β受体、Ca^{2+}、M受体无关。②改善微循环、抗休克作用。早期研究发现，白藜芦醇苷可延长重度失血性休克大鼠的存活时间，效果优于多巴胺。虎杖苷可以调节蛋白激酶C（PKC）的活性，从而发挥对心肌细胞的保护作用，进而增强心肌的收缩和舒张功能；同时可能通过降低细胞内Ca^{2+}使PKC活性降低，使平滑肌细胞内磷酸化的细肌丝等脱磷酸，引起血管舒张，改善组织血液灌流，从而发挥抗休克的作用。虎杖苷对心肌细胞和平滑肌细胞PKC活性的调节，被认为是其抗休克作用的分子生物学机制。③抑制血小板聚集、抗血栓作用。陈鹏等（2006）分别采用小鼠尾静脉注射花生四烯酸方法、电刺激大鼠颈动脉血栓形成方法和结扎大鼠下腔静脉方法观察虎杖苷的抗血栓形成作用。结果显示，虎杖苷在上述3种血栓模型上均显示出明显的抗血栓形成作用，具有明显的剂量-效应关系。④抗动脉粥样硬化的作用。虎杖及其提取物具有抗动脉粥样硬化及稳定斑块的作用。动物试验证实，虎杖能明显抑制血管平滑肌细胞的增殖，显著减轻主动脉、冠状动脉等血管的粥样硬化斑块面积及病变程度。刘龙涛等（2009）将64例颈动脉粥样硬化患者按随机数字表法分为治疗组和对照组各32例。治疗组给予虎杖苷胶囊口服，1粒/次，2次/d；对照组给予洛伐他汀片口服，20 mg/次，1次/d，连续治疗6个月。结果显示，虎杖苷治疗组高分辨率超声技术显示斑块总数显著减少，能显著降低血清蛋白阳性表达-1（MMP-1）及MMP-1/蛋白酶组织抑制因子-1（TIMP-1）水平，但与洛伐他汀组比较差异无统计学意义。秦俭等（2005）研究提示，虎杖能显著改善血管内皮依赖性舒张功能，降低胸主动脉动脉粥样硬化斑块面积，其作用机理在于虎杖能提高内皮型一氧化氮合酶mRNA的表达及其酶活性，降低动脉粥样硬化时明显活跃的诱生型一氧化氮合酶mRNA表达及其酶活性。

（2）对消化系统的药理作用。①肝保护作用。对于虎杖护肝作用的研究主要集中在急性肝损伤和非酒精性脂肪肝（NAFLD）两个方面。多项动物试验证实，虎杖煎剂能明显对抗CCl_4引起的大鼠肝损伤，显著降低血清丙氨酸转氨酶、天冬氨酸轻氨酶含量，肝组织病理学变化也发现肝细胞变性、坏死的严重程度随虎杖煎剂的剂量增大而减轻，其保肝护肝除通过抗氧化发挥保护作用外，还可通过抑制肿瘤坏死因子-α（TNF-α）的分泌，下调*Bax*基因和上调*Bcl-2*基因的表达，提高*Bcl-2/Bax*比值而抑制细胞凋亡以及产生内皮细胞保护功能，而且药物本身对肝脏无明显损伤作用。江庆澜等（2005）应用实时荧光定量聚合酶链反应（RT-qPCR）方法检测分析虎杖水提物对NAFLD动物模型药物干预效果，4周之后NAFLD大鼠脂肪组织的TNF-α mRNA相对水平和肝组织总胆固醇含量显著低于对照组，甘油三酯和葡萄糖的指标也低于对照组，而且肝细胞的脂变大泡现象基本消失。以上研究说明，虎杖水提物具有降低肝脂和肝糖的功效，并可使TNF-α相关基因的表达水平显著下调，有利于增加脂酶活性和缓解胰岛素抵抗，可调节肝脏脂肪和糖的代谢，改善肝细胞内脂类积聚和脂肪变性的状况。这对于应用虎杖干预NAFLD，尤其是伴有肥胖、胰岛素抵抗和肝炎症状的病例应是一种可行的治疗考虑。②胃黏膜保护作用。傅志泉等（2006）采用虎杖口服液治疗急性上消化道出血160例，随机设西药对照组91例，结果显示，治疗组总有效率为96.87%，与对照组相比，具有极显著性差异；止血时间平均2.86 d。该研究说明虎杖口服液对急性上消化道出血具有促进内凝血和抗纤溶等止血功效，同时虎杖能增加大肠蠕动，有利于肠内淤血的排出，故认为这种祛瘀止血作用是其取得良好治疗效果的关键。郭洁云等（2006）研究了虎杖苷对动物试验性急性胃黏膜损伤的保护作用，认为虎杖苷可使大鼠束缚-冷冻应激型胃黏膜损伤过程血清中升高的丙二醛含量降低，可使降低的超氧化物歧化酶水平回升，并呈剂量依赖性，考虑其作用机制与虎杖苷抗氧化有关。

（3）对呼吸系统的药理作用。除传统的止咳平喘作用外，近年来的研究焦点在急性肺损伤、肺动脉高压和肺纤维化。张骅（2009）研究虎杖煎剂对脂多糖诱导Wistar大鼠急性肺损伤（ALI）的治疗作用，虎杖能显著缓解ALI大鼠TNF-α、白介素-6（IL-6）、血栓素B2、髓过氧化物酶（MPO）等细胞因子、炎性介质的表达；明显改善ALI的病理变化；使动脉血氧分压（PaO_2）升高，降低动脉血二氧化碳分压（$PaCO_2$）。杨玲等（2008）测定栓塞性肺动脉高压的小猪静脉注射虎杖前后的血液动力学、血清一氧化氮（NO）、纤溶酶-抗纤溶酶复合物（PAP）和血气分析及D-二聚体的变化，用虎杖后，肺动脉压显著下降，心搏指数增加，血氧分压改善，NO、PAP下降，与对照组有差异。中药虎杖能显著降低栓塞性肺动脉高压的肺动脉压，增加心输出量，改善氧合。宋康（2006）等通过一系列研究证实，虎杖对肺纤维化形成有较好的预防和治疗作用，能延缓肺纤维化的进程，其作用机制较为复杂，主要有促进血清中干扰素-γ（IFN-γ）的分泌，抑制白介素-4（IL-4）的分泌，从而调节Th1/Th2细胞因子失衡；通过下调转化生长因子-β1（TGF-β1）的表达，使胶原蛋白的合成受到抑制，从而减轻肺纤维化模型大鼠的炎症和纤维化程度；在肺纤维化发展过程中抑制组织金属蛋白酶抑制剂-2（TIMP-2）在肺内的异常高度表达，从而减轻其对基质金属蛋白酶-2（MMP-2）甚至其他基质金属蛋白酶（MMPs）的抑制，相对提高了MMPs的活性，使MMP-2促进过度沉积的细胞外基质降解。

（4）对内分泌系统的作用。王辉等（2008）运用肾上腺素与四氧嘧啶诱发小鼠高血糖模型，观察虎杖对血糖的影响。结果表明，虎杖能够显著降低肾上腺素所致的高血糖水平，对四氧嘧啶所致高血糖水平具有降低趋势。对肾上腺素及四氧嘧啶致小鼠高血糖模型肝糖原水平均有升高作用。杨秀芳等（2008）从虎杖中提取分离出了α-葡萄糖苷酶抑制剂，可能是其治疗和预防糖尿病的机制之一。同时，虎杖免煎冲剂对糖尿病大鼠具有肾脏保护作用，其机制可能与其下调肾组织中糖基化终末产物受体、血管内皮生长因子的表达有关。

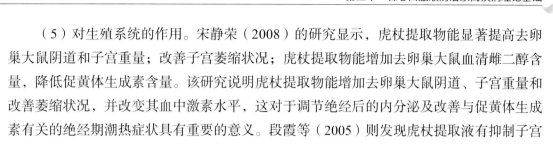

（5）对生殖系统的作用。宋静荣（2008）的研究显示，虎杖提取物能显著提高去卵巢大鼠阴道和子宫重量；改善子宫萎缩状况；虎杖提取物能增加去卵巢大鼠血清雌二醇含量，降低促黄体生成素含量。该研究说明虎杖提取物能增加去卵巢大鼠阴道、子宫重量和改善萎缩状况，并改变其血中激素水平，这对于调节绝经后的内分泌及改善与促黄体生成素有关的绝经期潮热症状具有重要的意义。段霞等（2005）则发现虎杖提取液有抑制子宫平滑肌的作用，有可能与孕酮的安胎作用相似，但其作用机制尚不明确。

（6）对免疫系统的作用。王斌等（2008）的药效试验表明，虎杖提取物对高尿酸血症和痛风性关节炎具有较好治疗作用，其作用机制可能为通过抑制前列腺素（PGE）的合成和释放，或通过促进血液循环中PGE2的灭活而使PGE2含量下降；抑制大鼠滑膜组织中黏附分子和核转录因子的异常表达与激活，减轻了炎性细胞的黏附、浸润等环节。虎杖水煎液有明显的镇痛作用，其作用效果与剂量大小有关。

（7）对缺血再灌注损伤的作用。郭胜蓝等（2005）研究发现虎杖苷注射液15 mg/g和30 mg/g能够改善脑水肿，减少过氧化脂质的形成，减少乳酸的聚积，并对单胺氧化酶有抑制作用，其作用强度与剂量有一定关系，对大鼠急性全脑缺血再灌注损伤具有保护作用。金晓凤等（2008）的研究认为，虎杖苷治疗可以改善肺缺血再灌注损伤造成的微循环障碍，下调肺组织Toll样受体-4（TLR-4）、核因子-κβ（NF-κβ）p65进而抑制细胞间黏附分子（ICAM-1）等炎症介质的转录和分泌，减轻肺缺血再灌注损伤。

（8）抗肿瘤作用。于柏艳等（2008）应用四唑盐（MTT）法检测虎杖提取物对体外培养的人肺癌A549细胞株的抑制增殖作用的影响。结果显示，虎杖提取物在体外对A549人肺癌细胞株有明显抑制增殖的作用，而且这种抑制作用呈现浓度和时间的依赖性；细胞的形态学观察发现，虎杖提取物作用后出现凋亡细胞。冯磊等（2006）从虎杖中分离出顺式/反式-白藜芦醇，它能特异性抑制多种肿瘤细胞的生长，而对正常肝细胞毒性很小。同时，首次发现其对MCF-7/ADR有直接的细胞毒性。

（9）抑菌抗病毒活性。公衍玲等（2008）对虎杖及配伍醇提液不同极性提取物的抑菌活性进行了研究，认为虎杖在体外具有明显的抑菌作用，其醇提取液的抑菌作用强于水提取液。虎杖与蒲公英、北败酱、半枝莲配伍后抑菌活性发生了改变，对葡萄球菌和产气杆菌的抑制作用增强。另外，10%虎杖水煎液对单纯疱疹病毒-1（HSV-1）、单纯疱疹病毒-2（HSV-2）、甲型流感病毒京科68-1株、埃可病毒Ⅱ型有抑制作用，3%虎杖煎剂对3型腺病毒、Ⅱ型脊髓灰质炎病毒、9型埃可病毒、A9及B5型科萨奇病毒、乙型脑炎病毒也有较高的抑制作用。

（10）对烫伤的作用。张兴粲（2006）研究发现，单用虎杖水煎液对烫伤大鼠有较好的治疗作用，治疗效果优于万花油和烧伤膏。虎杖苷对烫伤大鼠胃肠黏膜屏障也具有保护作用，其作用机制可能与虎杖苷的抗缩血管作用有关。

5. 黄芩

黄芩为唇形科植物黄芩的干燥根，黄芩具有黄芩苷元、黄芩苷、白杨黄素、千层纸素、葡萄糖醛酸苷、汉黄芩素、氨基酸、挥发油等有效成分，现对黄芩药理作用的研究进展进行综述。

（1）解热。范书铎等（1995）试验发现黄芩苷（每千克体重4 mg）的解热作用与复方氨基比林（每千克体重0.1 g）的解热作用相当，但对正常大鼠无作用；该试验表明，黄芩具有降低发热体质的体温作用。赵铁华等（2001）试验发现，黄芩茎叶总黄酮腹腔注射和灌胃给药对试验动物的感染性发热和非感染性发热皆有一定的抑制作用，作用时间可持续至药后5 h，腹腔注射时剂量依赖关系较显著；试验表明，黄芩具有降低感染性发热体质体温的作用。上述试验表明黄芩具有解热作用。

（2）抗炎。侯艳宁等（2000）认为，黄芩苷能显著抑制大鼠腹腔白细胞内白三烯B3、白三烯B4的生物合成以及MFLP激发的白细胞内Ca^{2+}升高，并能提高多形核PMNL内cAMP水平，说明其显著影响白细胞的多种功能而白细胞的功能则与抗炎作用机理有关。从上述试验中可以看出，黄芩有明显的抗炎作用。

（3）抗病毒。黄芩对革兰氏阳性菌、革兰氏阴性菌、真菌及病毒有抑制作用，是广谱抗病毒药物。黄芩苷降低青霉素和青霉素抗病毒的最低有效浓度。黄芩苷可以恢复类β-内酰胺类抗生素的抗菌作用。黄芩苷和黄芩素都具有抗艾滋病病毒（HIV）的作用。Kitamura等（1998）研究证明，黄芩苷能显著抑制植物血凝素（PHA）引起的外周血单核细胞中HIV-1的复制，其抑制作用具有浓度依赖性。上述试验表明，黄芩具有抗病毒作用。

（4）免疫调节作用。黄芩具有增强吞噬细胞对病毒的吞噬能力。蔡仙德等（1994）研究发现，黄芩苷对淋巴细胞增殖具有双向调节作用，并有相应的量效关系，即低剂量明显促进，高剂量明显抑制，同时黄芩苷可提高小鼠脾脏单核细胞中cAMP含量，对环磷酸鸟苷（cGMP）含量无影响。研究人员还发现黄芩苷能明显提高小鼠血清IgM和B细胞分泌IgM水平，对血清IgM含量的影响呈浓度依赖性，并可显著增加血清IgG的含量，体内用药还可增加机体的体液免疫功能。以上试验表明，黄芩具有增加免疫能力的作用，可以增加身体对病毒的抵抗能力。

（5）抗氧化。黄芩有效成分中具有酚羟基结构，其具有抗氧化作用。黄芩可清除自由基增加抗氧化的作用。汉黄芩素具有抑制还原性辅酶Ⅱ（NADPH）所导致的脂质过氧化作用。黄芩具有一定的抗氧化作用。

（6）对消化系统作用。黄芩素可以治疗肝炎。卢春凤等（2003）研究表明，黄芩素、黄芩苷均能显著降低CCl_4致肝损伤大鼠血清丙氨酸转氨酶、天冬氨酸转氨酶，减轻肝细胞变性坏死，具有一定的保肝降酶作用，其作用机制可能与抗脂质过氧化作用有关。黄芩提取物还具有的抗溃疡作用。以上试验表明，黄芩对消化系统有一定的作用。

（7）抗肿瘤。黄芩对能够诱导胃癌、肝癌、肺腺癌细胞的凋亡，抑制癌细胞的增殖，主要抑制癌细胞增殖作用的有效成分为黄芩苷、黄芩素和汉黄芩素。浓度为20 mg/L黄芩苷具有抑制人肝癌细胞生长的作用。研究表明，黄芩素和黄芩苷能抑制肝癌细胞增殖，黄芩素抑制3种拓扑异构酶并抑制细胞增殖，直接抑制与生长有关的信号因子、蛋白酪氨酸激酶及减少生长因子的mRNA表达。以上试验表明，黄芩具有抗肿瘤的作用。

（8）对缺血再灌注损伤的保护作用。缺血再灌注损伤发病机制中，自由基的作用和细胞内钙超载是其发病的两个重要环节。通过结扎大鼠试验表明，黄芩苷对心肌缺血再灌注损伤大鼠左心室功能具有保护作用；经股静脉注射黄芩苷能显著降低缺血再灌注模型大鼠心肌MDA的含量，升高组织内的SOD和谷胱甘肽过氧化物酶的活性，提示黄芩苷对再灌注损伤的心肌有保护作用，其机制可能与抗氧自由基引起的脂质过氧化反应有关。以上试验表明，黄芩具有抑制心肌细胞凋亡和保护缺血再灌注心肌的作用。

6. 总结

我国在用中兽药防治细菌病方面积累了丰富的经验，按照中兽医辨证理论，禽大肠杆菌病为湿热壅积肠道而引起的里热证，治宜清热解毒、活血散瘀、涩肠止痢，君臣佐使配合，互相协调为用，可以达到标本兼治、扶正祛邪的效果。据现代药理学研究进展论述，锦心口服液除具有杀菌、抑菌功能外，还对呼吸系统、消化系统、免疫系统等均有良好的调节作用，这进一步增强了该制剂应用于禽大肠杆菌病防治的临床效果，也为研究中兽药治疗细菌病的机理提供了新思路。

第三节　锦心口服液联合抗生素效果增强理论基础

在临床治疗顽固型大肠杆菌病时，最棘手的问题是细菌耐药性普遍产生，兽医经常使用中西医联合组方治疗顽固型大肠杆菌病导致的心包炎和肝周炎纤维性渗出症状，中西医组方会提高抗生素敏感性，掌握中西医功能性互补、作用靶点不同等基础理论将有助于临床合理用药。

一、锦心口服液可以提高细菌对抗生素的敏感性

耐药菌中的质粒会携带多种耐药基因，其质粒可通过转化、结合、转导方式进行水平转移到其他菌株，也可通过DNA复制垂直传递给子代。锦心口服液不但自身有抗菌作用，而且其中的地锦草、十大功劳、黄芩也可以消除或减少病原菌中的耐药质粒、抑制耐药基因的表达，可以逆转细菌对抗生素的耐药性。

二、锦心口服液在功能上和抗生素具有互补性

锦心口服液除自身具有抗菌效果外，还有清热、抗炎、抗氧化效果，疾病发生后，单独使用抗生素，只起到抗菌效果，而对于疾病的其他并发症没有效果，而锦心口服液可以和抗生素起到配合作用，在抗菌的同时，将疾病的并发症一并解决。

穿心莲对内毒素所致的发热及呼吸道感染发热均有良好的解热作用；NO与急慢性炎症的发生均相关。穿心莲能够明显下调脂多糖诱导的巨噬细胞RAW264.7中NO、TNF-α、IL-6的表达，从而抑制炎症反应。

虎杖可有效清除体内超氧化物及羟基自由基等，抑制脂质过氧化。槲皮苷能抑制H_2O_2诱导的半胱天冬酶-3（caspase-3）、caspase-9和poly-ADP-ribose聚合酶（PARP）的分裂，提高Bcl-×L水平，减少V79-4细胞的死亡和凋亡，从而保护肺成纤维细胞免受氧化应激诱导的损伤。研究表明，虎杖苷在体内和体外均能调节炎症细胞因子和细胞黏附分子的表达，能通过下调IL-17m RNA的表达降低单核细胞中IL-17的产生；还能降低NF-κB p65的活性和表达，阻断TNF-α，IL-6和IL-1b的表达，降低MPO活性，进而减轻结肠炎的炎症损伤。

黄芩可通过下调NF-κB，丝裂原活化蛋白激酶（MAPKs）和PI-3-K-Akt（与磷脂酰肌醇有关的信号通路）通路抑制脂多糖诱导肺损伤的炎症反应；激活α7nAChR蛋白，激活胆碱能途径，作用NF-κB信号通路的不同阶段，最终发挥抗炎作用。

三、锦心口服液的抗菌靶标和抗生素不同

抗生素通常会靶向作用于细菌特定结构或生长过程。锦心口服液的作用途径为多靶标抗菌，比单一靶标有更强的效果。例如，黄芩苷可通过抑制DNA的合成、改变细菌的结构完整性而发挥抗菌作用，联合其他抗菌途径的抗生素使用，具有多靶点作用，增强抗菌效果。黄芩也可通过破坏大肠杆菌细胞壁而发挥抗菌作用，所以锦心口服液可以破坏细菌原有的形态，增强细胞膜的通透性，使得药物进入菌体内部的数量增加而达到增强抗菌效果的目的。

四、锦心口服液和抗生素联用可提高抗菌效果

两个抗菌成分联合使用时，可表现出不同的作用效果，当两个药物联合抗菌时，表现出更好的效果，说明两个药物具有协同作用。锦心口服液和抗生素联用也可表现出协同作用；比如地锦草中含的抗菌成分，联合抗生素可表现出协同抗菌效果，具有"1+1＞2"的抗菌效果。

第四节　锦心口服液应用方案

一、应用方案

（一）病毒与大肠杆菌、支原体混合感染（气囊炎+心包炎、肝周炎）

无抗生素治疗方案：银黄口服液+锦心口服液。

与抗生素联合用药治疗方案：银黄口服液+锦心口服液+抗生素。

（二）产蛋鸡病毒病与大肠杆菌混合感染（卵黄性腹膜）

治疗方案：银黄口服液+锦心口服液。

（三）病毒病与大肠杆菌、支原体混合感染（气囊炎+心包炎、肝周炎）

治疗方案：金美康+锦心口服液。

（四）产蛋鸡病毒病与大肠杆菌混合感染（卵黄性腹膜）

治疗方案：金美康+锦心口服液。

（五）大肠杆菌、魏氏梭菌导致肠炎下痢

治疗方案：锦心口服液+香连溶液。

（六）蛋鸡输卵管炎

混合感染治疗方案：锦心口服液+加富维。

产蛋疲劳治疗方案：锦心口服液+金美康。

二、使用方法与注意事项

1. 使用方法

（1）本品1 000 mL兑水500 kg，3～5 d为1个疗程。

（2）每天集中上午一次饮用4 h。

（3）产品包装为200 mL/瓶、60瓶/箱，1 000 mL/瓶、15瓶/箱。

2. 注意事项

（1）活疫苗免疫前后间隔18～24 h使用。

（2）禁止与黏杆菌素、多西环素混合使用。

（3）本品为棕红色至棕褐色液体，久置有少量沉淀，不影响疗效。

案例研究篇

第四章

锦心口服液防治家禽疾病作用机理研究

锦心口服液对败血型大肠杆菌机理的研究

1　试验设计

1.1　试验目的

验证锦心口服液对败血型大肠杆菌病的防治效果。

1.2　试验时间

2021年11月16—28日。

1.3　试验方法

在同等饲养条件下，选择两栋发病基本相同发病鸡群，采用不同用药方案进行治疗，观测治疗效果，进行生产数据统计。

用药方案如表1所示。

表1　用药方案

组别	发病日龄/d	适应证	治疗方案	使用方法	使用天数
锦心口服液组	22 ~ 27	心包炎、肝周炎	锦心口服液	锦心口服液，每栋11瓶/d（1 000 mL/瓶，1 000 mL兑水750 kg，按照全天饮水量计算，集中饮水4 h）	5 d
抗生素对照组			复方阿莫西林+新霉素	32.5%新霉素1 kg，每栋2袋/d 10%复方阿莫西林1 kg，每栋4袋/d	

1.4 试验结果评价指标

1.4.1 试验室数据采集

1.4.1.1 肝脏病变

（1）每组每次采集3只鸡肝脏，福尔马林固定，制作组织切片，观察肝脏充血、出血等组织损伤情况。

（2）每组每次采集3只鸡肝脏，冷藏保存，用作PCR检测大肠杆菌阳性率及大肠杆菌计数。

1.4.1.2 肠道组织学分析

每组每次采集3只鸡十二指肠和回肠，福尔马林固定，制作组织切片，观察肠道黏膜脱落、肠绒毛损伤，以及黏膜下水肿、出血、充血等情况，并检测肠绒毛长度和隐窝深度等指标，利用SPSS分析差异显著性。

1.4.1.3 菌血症

每组每次采集3只鸡血液，每只鸡采集1 mL以上，分离血清，检测大肠杆菌阳性率及大肠杆菌计数。同时，利用血清进行抑菌试验。

1.4.1.4 肠道菌群

每组每次各采集10段2～3 cm的鸡肠道，无菌条件下取出等量肠道内容物，使用基因组提取试剂盒提取肠道内容物中基因组，以此为模板，利用荧光定量PCR方法，检测各组肠内容物中大肠杆菌、双歧杆菌和乳酸杆菌的丰度，利用SPSS分析差异显著性。

1.4.2 临床数据采集

1.4.2.1 剖检病变信息采集

试验前（试验中每天）剖检20只病死鸡，分别统计心包炎、肝周炎症状比例。

1.4.2.2 粪便信息采集

自试验开始每栋鸡舍取左、中、右三列，每列取前、中、后三点位置定点定时拍照记录粪便情况。

1.4.2.3 生产成绩统计

自试验开始对每栋鸡舍的死淘率及平均采食量变化进行记录，试验结束时对每栋鸡舍的死淘率与平均采食量等生产成绩进行比较分析。

2 试验结果

2.1 肝脏病变

2.1.1 肝脏组织损伤情况

将采集的抗生素对照组与锦心口服液组的鸡肝脏用福尔马林固定，之后制作组织切片。通过显微镜对切片观察可以看出，抗生素对照组与锦心口服液组的肝脏均出现出血、坏死、肝细胞索紊乱等病变，但抗生素对照组更严重。此外，抗生素对照组还出现了肉芽肿及浆液性渗出等较严重的肝组织病变（图1）。

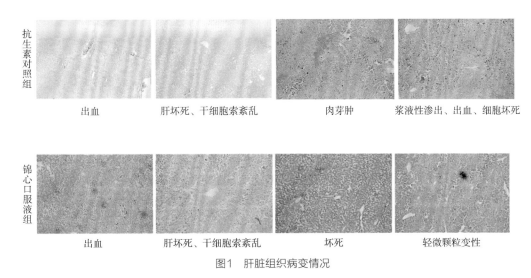

图1　肝脏组织病变情况

2.1.2　肝脏中大肠杆菌阳性率检测结果

通过PCR的方法对肝脏中大肠杆菌的阳性率进行检测，结果显示在用药初期抗生素对照组肝脏中大肠杆菌阳性率高于锦心口服液组，但后期阳性率均为100%（图2）。

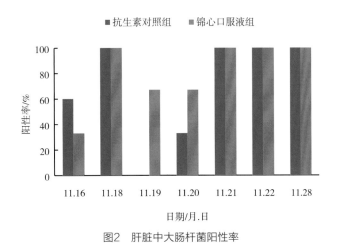

图2　肝脏中大肠杆菌阳性率

2.1.3　肝脏中大肠杆菌计数结果

肝脏中大肠杆菌菌落计数结果显示，肝脏中大肠杆菌菌落含量用药期间无显著差异，停药后第5天检测菌落数抗生素对照组高于锦心口服液组（图3）。

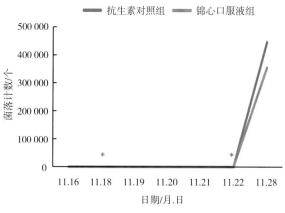

图3　肝脏中大肠杆菌菌落计数（*表示*P*<0.05）

2.2　肠道组织学分析

　　将采集的抗生素对照组与锦心口服液组的鸡十二指肠及回肠用福尔马林固定，之后制作组织切片。通过显微镜对切片观察可以看出，抗生素对照组的十二指肠存在出血、肠腺管坏死脱落、肠绒毛断裂、炎性细胞浸润等组织病变，锦心口服液组病变不明显，仅见少许出血（图4）。

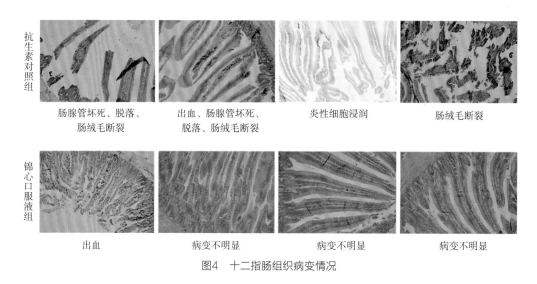

图4　十二指肠组织病变情况

　　抗生素对照组与锦心口服液组的回肠病变均不明显。抗生素对照组可以看到少量炎性细胞浸润、肠绒毛出血断裂、肠腺管坏死等组织病变；锦心口服液组仅见少数炎性病变（图5）。

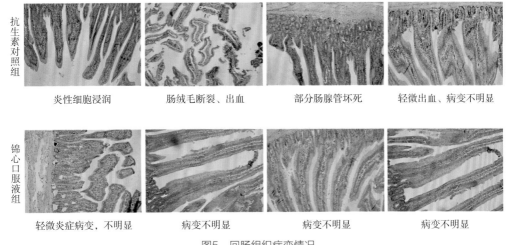

抗生素对照组

炎性细胞浸润　　　肠绒毛断裂、出血　　　部分肠腺管坏死　　　轻微出血、病变不明显

锦心口服液组

轻微炎症病变，不明显　　　病变不明显　　　病变不明显　　　病变不明显

图5　回肠组织病变情况

2.3 菌血症

2.3.1 血液中大肠杆菌阳性率检测结果

通过PCR方法对血液中大肠杆菌的阳性率进行检测，结果显示在用药第3天和第4天，锦心口服液组血液中才检测到大肠杆菌阳性，分别33%和25%，但用药后第5天抗生素对照组血液中大肠杆菌阳性率为100%，而锦心口服液组阳性率为33%（图6）。

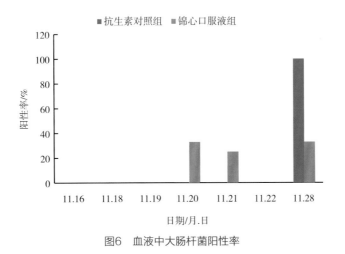

图6　血液中大肠杆菌阳性率

2.3.2 血液中大肠杆菌计数结果

血液中大肠杆菌菌落计数结果显示，血液中大肠杆菌菌落含量用药期间均未检测到，停药后第5天检测菌落数抗生素对照组高于锦心口服液组（图7）。

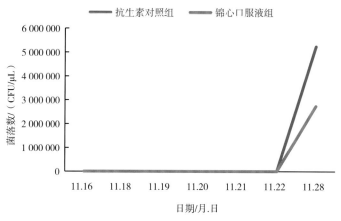

图7 血液中大肠杆菌菌落计数（$P>0.05$，均无显著性差异）

2.3.3 血清抑菌试验结果

利用血清进行抑菌试验结果显示所采集血清样品均无抑菌作用。

2.4 肠道菌群分析结果

通过对大肠杆菌、双歧杆菌和乳酸杆菌等肠道菌群含量的测定显示，锦心口服液组与抗生素对照组相比无显著性差异（表2）。

表2 肠道菌群中各类细菌的相对表达量

细菌种类	组别	11月16日	11月18日	11月19日	11月20日	11月21日	11月22日	11月28日
大肠杆菌	抗生素对照组	1 406.36	2 442.52	2 025.22	2 034.13	7 535.36	6 414.68	16 641.25
	锦心口服液组	2 309.40	942.98	171.75	1 360.02	7 856.87	10 395.48	2 785.95
双歧杆菌	抗生素对照组	1.80	1.22	4.10	4.01	8.27	0.92	2.24
	锦心口服液组	2.85	3.45	1.23	9.21	7.48	3.78	1.27
乳酸杆菌	抗生素对照组	437 053.11	377 387.15	2 348.54	91 199.81	15 179.56	27 874.67	181.00
	锦心口服液组	401 936.30	151 114.22	19 292.40	80 454.30	423.66	18 356.55	13.59

2.5 心包炎和肝周炎比例分析结果

2.5.1 心包炎和肝周炎比例

通过临床剖检病死鸡统计分析发现，锦心口服液组心包炎和肝周炎比例低于抗生素对照组（表3）。

表3　心包炎和肝周炎比例

症状	组别	11月16日	11月18日	11月19日	11月20日	11月21日	11月22日	11月28日
出现心包炎和肝周炎	抗生素对照组	0.50	0.80	0.75	0.58	0.53	0.58	0.50
	锦心口服液组	0.64	0.72	0.50	0.50	0.57	0.53	0.64
未出现心包炎，出现肝周炎	抗生素对照组	0.30	0.10	0.18	0.30	0.35	0.30	0.30
	锦心口服液组	0.08	0.17	0.23	0.43	0.40	0.37	0.08

2.5.2　心包炎和肝周炎剖检情况

　　试验前（试验中）每天剖检20只病死鸡，观察并拍照记录心包炎和肝周炎情况，部分照片如图8所示。

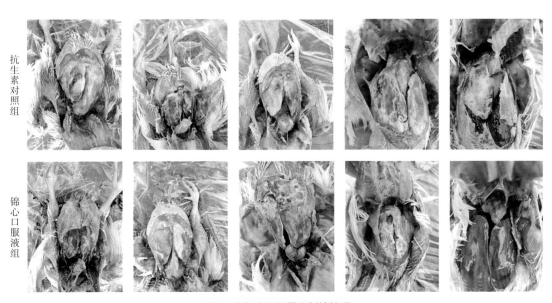

图8　心包炎和肝周炎剖检情况

2.6　粪便情况分析

　　自试验开始每栋舍取左中右三列，每列取前中后三点位置定点定时拍照记录粪便情况，部分照片如图9所示。

抗生素对照组

锦心口服液组

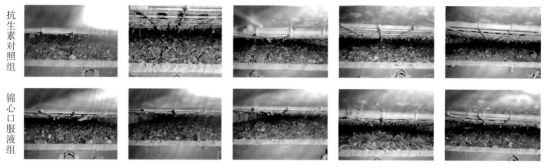

图9 粪便图片

2.7 生产成绩统计

2.7.1 死淘率结果分析

通过对死淘鸡只数量进行统计分析发现，用药后死淘数下降（图10）。

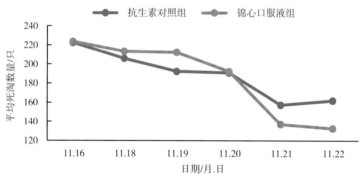

图10 平均死淘数（P>0.05，均无显著性差异）

2.7.2 采食量结果分析

通过对平均采食量进行统计分析发现，用药后平均采食量下降但差异不显著（图11）。

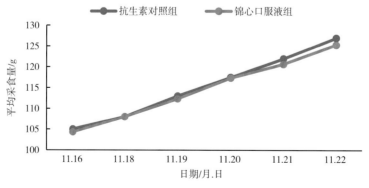

图11 平均采食量（P>0.05，均无显著性差异）

3　试验结论

（1）锦心口服液可以降低肝脏以及血液中大肠杆菌的含量。

（2）锦心口服液能够降低肠道菌群中大肠杆菌的含量，但对双歧杆菌和乳酸杆菌的影响不大。

（3）锦心口服液降低心包炎和肝周炎比例的效果优于抗生素对照组。

（4）锦心口服液能够降低大肠杆菌感染鸡的死淘率，但对采食量影响不显著。

（5）锦心口服液能够减轻大肠杆菌感染导致的肝脏及肠道的组织损伤。

（北京生泰尔科技股份有限公司）

锦心口服液对大肠杆菌感染模型的防护效果的研究

1 试验设计

1.1 试验器材

注射器、培养平板、精密电子天平、移液枪、冰箱、纸箱、手术剪、洁净工作台等。

1.2 试验动物和菌种

动物：1日龄肉鸡（未免疫），暂养至2周龄。

菌种：大肠杆菌标准菌株——O78，活化，已培养鉴别。

1.3 试验试剂和药物

锦心口服液；阳性药物为恩诺沙星。

各组用药方案如表1所示。

表1 用药方案

组别	数量/只	注射菌液/mL	给药剂量
模型组	20	0.8	—
锦心口服液1∶1 000	20	0.8	1∶1 000稀释饮水
锦心口服液1∶500	20	0.8	1∶500稀释饮水
恩诺沙星组	20	0.8	按说明书给药

1.4 试验地点

动物房1B-15室、室温环境。

1.5 试验分组

恩诺沙星组，模型组，锦心口服液1∶1 000；锦心口服液1∶500。

1.6 攻毒菌液培养

从-20℃取出冻存的标准菌株O78培养18 h，活化，鉴定。挑取培养好的无污染的大肠杆菌平板，在无菌操作台中用接种环挑取正常无污染的单一的菌落，接种在提前备好的营养肉汤里，置放在摇床中，温度37℃、110 r/min培养20 h，4℃备用。

1.7　造模方法

本试验建立大肠杆菌感染肉鸡疾病模型；使用已提前培养鉴别好的大肠杆菌（O78菌株）菌液，通过肉鸡胸肌注射途径来制备大肠杆菌感染模型，在给肉鸡胸肌注射过程中可将菌液分为左右各半注射。

除造模空白对照组外，其余各组均使用该方法操作，保持各组攻毒造模手法一致。攻毒之后的鸡只放入原鸡笼中，模型组正常添加无抗饲料和无药饮用水，试验组添加无抗饲料并每天用相应的药物饮水。每天观察各组鸡的情况（精神状态、采食饮水情况、粪便颜色、死亡数量），并记录。

2　试验结果

2.1　试验各组的临床症状

在预防给药期间，已经剔除体重较小，状态较差的鸡。造模前所有鸡的精神状态良好，行为活动灵敏，粪便正常。在攻毒24 h后，各组鸡均表现精神不振，采食量骤减，趴窝不动。

2.2　试验各组的死亡情况

从表2得出，使用锦心口服液后，高低剂量组的鸡只死亡率均低于模型组。

表2　试验各组鸡只的死亡率情况

组别	7 d内死亡率/%
模型组	55
锦心口服液1∶1 000	35
锦心口服液1∶500	15
恩诺沙星组	0

2.3　各组解剖病理情况

各组解剖病理情况如图1所示。

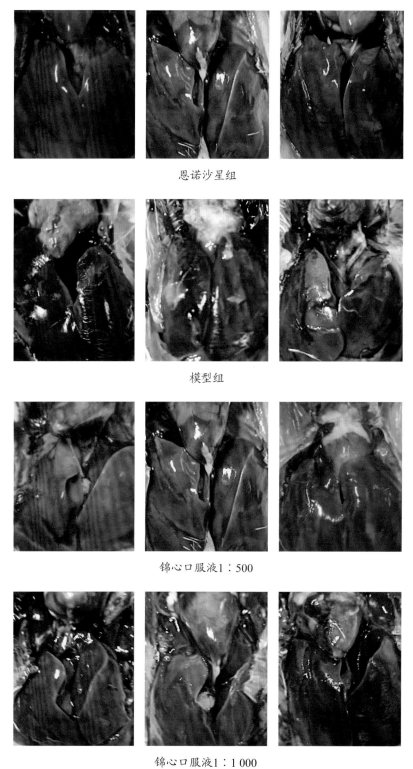

恩诺沙星组

模型组

锦心口服液1:500

锦心口服液1:1 000

图1　各组解剖病理情况

被大肠杆菌感染鸡只的病变情况，在心脏周围有纤维素性心包炎，部分有干酪样渗出物，肝包膜呈白色浑浊，有纤维素性附着物，有时可见白色坏死斑点。由图1可知，通过解剖各组剩余鸡发现，除恩诺沙星组外，模型组和锦心口服液给药组还是存在心包炎和肝周炎现象，但模型组的心包炎和肝周炎现象最为明显。经过剖检对比发现，锦心口服液给药组鸡的心脏和肝脏表面有少量纤维素附着物，心包炎率和肝周炎率低。

3　结论

锦心口服液1∶500和1∶1 000饮水给药，可以降低鸡只败血性大肠杆菌病的死亡率，减少炎性渗出。

（北京生泰尔科技股份有限公司）

锦心口服液体外抗内毒素作用研究

1 试验设计

1.1 试验目的

初步观察锦心口服液体外抗内毒素的作用。

1.2 试验时间

2021年6月8日。

1.3 试剂与试药

细菌内毒素工作标准品，购自湛江博康海洋生物有限公司，规格为10 EU/支。

鲎试剂，购自湛江博康海洋生物有限公司，规格为0.1 mL，灵敏度为0.25 EU/mL，批号为2104012。

细菌内毒素检查用水，购自湛江博康海洋生物有限公司，内毒素含量<0.003 EU/mL，规格为5 mL，批号为2104010。

锦心口服液，生药量1 g/mL，北京市生泰尔科技股份有限公司大兴厂区制备，批号为210427。

1.4 试验仪器

电热恒温水浴锅，可调微量移液器，1 000 μL无热原枪头，试管等均按《中国药典》"细菌内毒素检查法"的规定处理。

1.5 试验方法

图1为试验过程中部分操作图像。

图1 试验操作

1.5.1 样品原液制备

取锦心口服液经0.22 μm滤器过滤，作为样品原液，之后逐步进行稀释。

1.5.2 体外抗内毒素作用的比较

将内毒素标准品用细菌内毒素检查用水溶解成2 EU/mL内毒素液。将样品原液（锦心口服液）依次稀释为1∶1（原液）、1∶2、1∶4、1∶8、1∶16、1∶32、1∶64、1∶128，分别于1.5 mL带盖离心管内加样品液和内毒素液各0.5 mL，摇匀，置（55±2）℃水浴温热30 min，冷却至室温后取0.2 mL置0.1 mL鲎试剂安瓿中，用封口膜封口，摇匀，于（37±1）℃温育（60±1）min；另将内毒素稀释成0.25 EU/mL溶液，直接取0.2 mL溶解0.1 mL鲎试剂作阳性对照管。用0.2 mL细菌内毒素检查用水直接溶解0.1 mL鲎试剂作阴性对照管，与样品管于（37±1）℃温育（60±1）min。

1.5.3 结果判断

若阳性对照管形成坚实凝胶而阴性对照管仍为流动液，则判断该结果可信。本试验判断标准如下：将试管从恒温器中轻轻取出，缓缓倾斜90°，若管内形成凝胶，则判定为阳性；若管内液体仍呈现流动性，未形成凝胶，则判断为阴性。

2 结果与分析

体外抗内毒素作用观察结果见图2和表1。当锦心口服液药液浓度为62.50 mg/mL时未形成凝胶，可完全拮抗细菌内毒素。药液浓度为31.25 mg/mL和15.63 mg/mL时管内液体仍呈现流动性但形成有少量凝胶，且凝胶不能保持完整并可从管壁脱落，可部分拮抗细菌内毒素；药液浓度为7.81 mg/mL和3.90 mg/mL时，管内液体仍呈现流动性但形成凝胶的量较流动液体量稍多，拮抗细菌内毒素作用较小。

1∶1
1∶2

图2 试验结果

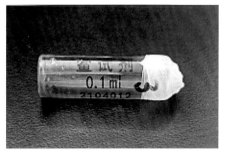

1∶4

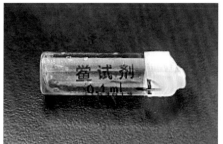

1∶8

1∶16

1∶32

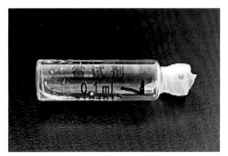

1∶64

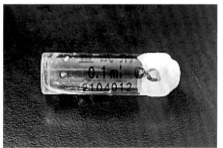

1∶128

检查用水+鲎试剂

内毒素液+鲎试剂

图2　试验结果（续）

表1　体外抗内毒素作用试验结果

组别	1：1	1：2	1：4	1：8	1：16	1：32	1：64	1：128
浓度/（mg/mL）	500	250	125	62.50	31.25	15.63	7.81	3.90
结果	−	−	−	−	±	±	±	±

注："−"为阴性；"+"为阳性；"±"表示有凝胶形成，但具有流动性。

3　讨论

多数中兽药都具有抗内毒素作用，中等抗内毒素作用中兽药较多，稀释倍数多在1：（8～16）范围，而稀释至1：128倍数的较强抗内毒素作用中兽药则较少，由本试验结果可知，锦心口服液均具有中等抗内毒素作用。

4　结论

锦心口服液具有一定的抗内毒素效果，其浓度为62.50 mg/mL的时候可完全拮抗细菌内毒素，浓度为15.63 mg/mL时可部分拮抗细菌内毒素，当浓度为15.63 mg/mL时拮抗细菌内毒素的作用越小。

（北京生泰尔科技股份有限公司）

第五章

中兽药防治家禽疾病应用案例

【蛋鸡应用案例】

蛋鸡生殖系统疾病无抗处置方案

蛋鸡生殖系统疾病病因复杂，是危害蛋禽养殖业健康发展的多发病之一，其临床表现多种多样，如产蛋率下降、血斑蛋、薄壳蛋、砂壳蛋、白壳蛋，有时伴有稀便等，在食品安全法的严格要求下，抗生素在产蛋期禁用，亟须寻找一种有效的处理方案，尤其是无抗蛋和品牌蛋企业的迫切需求。

北京生泰尔科技股份有限公司锦心口服液临床实践表明，对蛋鸡输卵管炎有很好的防治效果，并具有无残留、低毒性、治愈率高、不易产生耐药性等特点，符合当今社会倡导绿色养殖的模式。

1 试验设计

1.1 试验目的

验证锦心口服液临床对输卵管炎的防治效果。

1.2 试验对象

采取单因子试验，海兰褐362日龄商品蛋鸡共10 000只分为2个试验组。

1.3 试验药物

锦心口服液，国家三类新兽药，北京生泰尔科技股份有限公司提供。

1.4 试验方法

在正常饲养管理条件下，对试验组1和试验组2发生输卵管炎鸡群，口服锦心口服液，每1 000 mL兑水500 kg，按全天饮水量计算，集中早晚2次口服给药，每次饮水4 h，连用4 d。

1.5 评价方案

1.5.1 评价时间

试验前和试验后综合评价。

1.5.2 评价指标

稀便率、不合格蛋率（蛋壳颜色、蛋壳表面斑点、蛋壳光泽度、小蛋、破蛋、薄壳蛋）。

2 试验结果

试验结果如表1、图1至图3所示。

表1 试验效果观察 单位：%

指标	试验组1		试验组2	
	试验前	试验后	试验前	试验后
稀便率	45	2	6	1
不合格蛋率	12～13	1～2	15～16	3～4

图1 试验鸡群鸡蛋品质

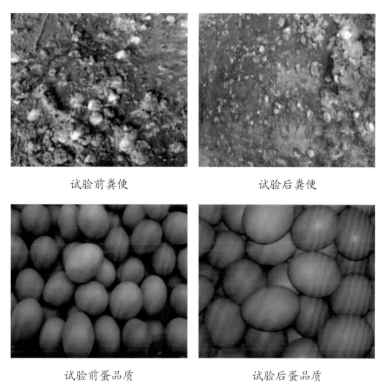

试验前粪便　　　　　　　　　　　试验后粪便

试验前蛋品质　　　　　　　　　　　试验后蛋品质

图2　试验组1试验前后粪便和蛋品质

试验前粪便　　　　　　　　　　　试验后粪便

试验前蛋品质　　　　　　　　　　　试验后蛋品质

图3　试验组2试验前后粪便和蛋品质

3　结果讨论

（1）从两组试验结果来看锦心口服液用于蛋鸡产蛋期生殖系统处置效果比较理想。

（2）锦心口服液对输卵管炎发病鸡群的粪便成形率和不合格蛋率有明显的改善作用。试验组1稀便率由原来的约40%下降至零星发生；对血斑蛋、白壳蛋、小蛋、砂壳蛋等不合格蛋品有明显改善，由原来的近14%下降至1%～2%；试验组2中的稀便率整体降低，小蛋、血斑蛋、砂壳蛋等不合格蛋率由近16%下降至3%～4%。

（于松林）

锦心口服液对腹膜炎防治的可行性验证

1　试验设计

1.1　试验目的

为验证蛋鸡临床出现腹膜炎发病时用中药锦心口服液防治的效果，特设立本次试验。

1.2　试验药物

锦心口服液，国家三类新兽药，北京生泰尔科技股份有限公司提供。

1.3　试验动物

海兰褐99 425只，200日龄，江苏省海安市某养殖集团公司提供。

1.4　试验时间

2021年5月27日至2021年6月1日。

1.5　试验地点

江苏省海安市某养殖集团。

1.6　试验场情况描述

鸡群从进入开产后死淘率一直偏高，产蛋率上升缓慢，剖检后有典型腹膜炎的症状，用药后效果不理想。

1.7　试验方法

1.7.1　试验处理

在本次试验过程中，试验组按照北京生泰尔科技股份有限公司提供的用药方案进行用药（见表1）。

表1　使用方法

组别	用药方案	使用剂量
试验组	锦心口服液	每1 000 mL兑水400 kg，集中4 h饮水、连用6 d

1.7.2 试验观测指标

从剖检症状、腹膜炎占死淘鸡比例、死淘率变化等分析试验结果。

2 试验结果及分析

2.1 剖检变化

在用药前剖检和用药第5天剖检，分别统计用药前剖检症状及腹膜炎占死淘鸡的比例，并统计病死鸡剖检后腹腔是否有恶臭味道。

2.1.1 用药前剖检症状

支气管上端气管环出血（剖检病死鸡均有这一症状），气管靠喉咙端未见气管环出血、卵红、卵泡液化、坏死，输卵管内有以卵黄为核心形成的干酪物，肠道系膜处有炎性渗出物，开始粘连，肠道黏膜脱落，肠壁薄，肠道鼓起，肠道发黑，肝脏肿大，个别有肝周炎，肾脏肿大，剖检时有的鸡只有恶臭味（图1）。

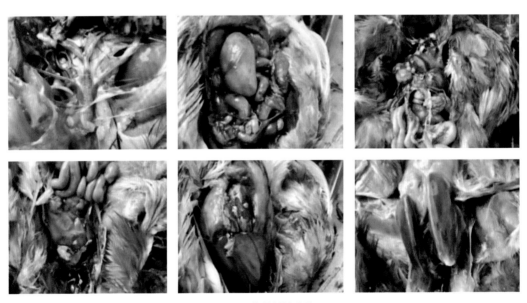

图1 用药前剖检症状

2.1.2 用药前病死鸡腹膜炎及恶臭占比统计

试验前腹膜炎及恶臭占比如表2所示。

表2 试验前腹膜炎及恶臭占比

剖检数量/只	腹膜炎数量/只	腹膜炎占比/%	有恶臭味数量/只	有恶臭味占比/%
8	6	75	4	50

2.1.3　用药第5天剖检症状

从支气管上端气管环出血，变为整个气管环出血（剖检病死鸡均有这一变化），卵泡液化，个别有卵红，仍然有个别鸡输卵管内有以卵黄为核心的炎性干酪物，肠道黏膜脱落，肠道臌气情况减少，肠道发黑，无肝周炎，肾肿减轻，肠道系膜粘连没有再剖检出，恶臭味鸡没有检出（图2）。

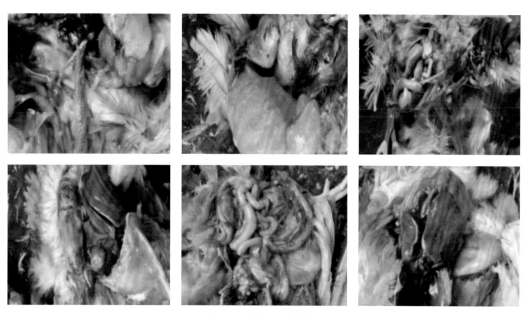

图2　用药第5天剖检症状

2.1.4　用药第5天腹膜炎及恶臭占比统计

试验末腹膜炎及恶臭占比如表3所示。

表3　试验末腹膜炎及恶臭占比

剖检数量/只	腹膜炎数量/只	腹膜炎占比/%	有恶臭味数量/只	有恶臭味占比/%
9	5	56	0	0

2.2　用药前后日死淘数

统计用药前3 d死淘数据及用药中及用药后3 d的数据如表4所示。

表4　用药前后日死淘情况

日龄/d	结存母数/只	死亡/只	淘汰/只	死淘数/只	死亡率/%	淘汰率/%	死淘率/%
197	99 425	67	25	92	7	3	9

（续表）

日龄/d	结存母数/只	死亡/只	淘汰/只	死淘数/只	死亡率/%	淘汰率/%	死淘率/%
198	99 335	66	24	90	7	2	9
199	99 241	54	38	92	5	4	9
200	99 152	53	38	91	5	4	9
201	99 071	52	25	77	5	3	8
202	99 000	51	24	75	5	2	8
203	98 918	40	23	63	4	2	6
204	98 875	39	23	62	4	2	6
205	98 813	32	17	49	3	2	5
206	98 746	35	10	45	3	2	5
207	98 719	33	8	41	3	1	4
208	98 678	25	5	30	3	1	3

注：有颜色填充部分为用药日龄数据。

2.3　用药前后腹膜炎占比、有恶臭味占比、死淘率变化曲线及结果分析

由图3可以看出腹膜炎占比是下降趋势，因为本栋鸡场发病时间过长，并且炎症发生发展有一个过程，用药后只能控制刚发生或即将发生腹膜炎的病鸡，不能消除已经有严重腹膜炎的病鸡，所以腹膜炎的占比是下降趋势，但并未做到已经有腹膜炎的消除腹膜炎。

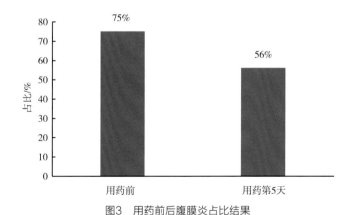

图3　用药前后腹膜炎占比结果

从图4可以看出用药第5天病死鸡不再出现恶臭味道，说明因大肠杆菌引起的腹膜炎和肝周炎得到了有效控制，一般在剖检过程中如果有恶臭味道，即可表明有大肠杆菌感染。

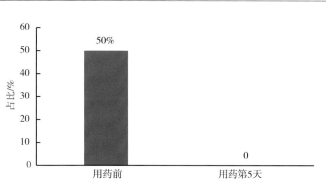

图4　有恶臭味占比

从图5可以明显看出，试验组，在用药前死淘率基本没有变化，从200日龄开始用药后死淘率下降，到205日龄用完药停药后，死淘率依然呈下降趋势。

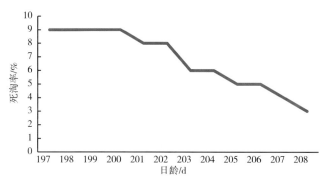

图5　用药前3 d用药中及用药后3 d死淘率变化曲线

3　试验结果分析

（1）用药前支气管上端气管环出血，用药后整个气管环出血，而且是病死鸡普遍剖检症状，表明鸡群有其他病原感染，怀疑有病毒侵袭鸡群。

（2）用锦心口服液前后腹膜炎占比由用药前的75%下降到用药第5天的56%，死淘率由原来的0.09%下降到用药后的0.03%，有恶臭占比由原来的50%下降为0，表明锦心口服液对细菌性引起的腹膜炎有明显控制作用。

4　结论

蛋鸡发生腹膜炎多数由病毒感染及继发大肠杆菌感染引发。一旦发生腹膜炎，会导致后期产蛋鸡成为死淘鸡，不能生产。当发生腹膜炎时，及时饮用可以替代抗生素的锦心口服液，可以有效控制未发展成典型腹膜炎的病鸡发生腹膜炎，降低死淘率，减少经济损失。

（杨宝新　谢岩）

芪黄素+锦心口服液+肝肾康对蛋鸡产蛋期疾病混合感染的防治效果验证

1 试验设计

1.1 试验目的

为验证芪黄素+锦心口服液+肝肾康对蛋鸡产蛋期混合感染疾病的防治效果，特开展本次试验。

1.2 试验动物

284日龄海兰褐商品蛋鸡16 000只。

1.3 试验药品

芪黄素（100 g/袋），北京生泰尔科技股份有限公司提供。

锦心口服液（1 000 mL/瓶），北京生泰尔科技股份有限公司提供。

肝肾康（1 000 mL/瓶），北京生泰尔科技股份有限公司提供。

1.4 试验时间

2021年7月16—19日。

1.5 试验地点

辽宁省庄河市某商品蛋鸡养殖场。

1.6 试验方法

上午：芪黄素100 g兑水750 kg；锦心口服液1 000 mL兑水750 kg，按全天饮水量计算，集中饮水4 h，连续使用4 d。

晚上：肝肾康1 000 mL兑水500 kg，集中饮水5 h，连续使用4 d。

2 鸡群情况

2.1 临床及剖检症状

284日龄鸡群，整体状况良好，在鸡舍中间偏后端出现鸡冠发白、倒冠和打蔫的鸡；

病鸡排黄绿色稀便，粪便成形性差；产蛋率从92%下降到90%左右，鸡蛋蛋壳质量降低，出现砂壳蛋，血斑蛋；鸡群零星死淘，最高日死淘数达16只。病死鸡肝脏肿大、淤血，腺胃乳头轻微出血，出现卵黄性腹膜炎、输卵管炎。

初步诊断为新城疫抗体偏低，伴发细菌感染和肝病，故采取综合用药。

组方：芪黄素+锦心口服液+肝肾康。

2.2　用药前和用药后照片对比

用药前病鸡倒冠，鸡冠发白，打蔫；排黄绿色粪便，粪便稀；病死鸡肝脏肿大、质脆，腺胃乳头出血；卵黄性腹膜炎、输卵管炎；肠道卡他性炎症（图1）。

图1　试验前临床及剖检症状

用药后，鸡群死淘数减少，产蛋率逐步提升。蛋壳质量提高，鸡蛋光泽度好转，砂壳蛋、血斑蛋比例降低（图2）。

图2　试验用药及试验后鸡蛋品质

3 试验数据统计

鸡群及产蛋情况如表1所示。

表1 鸡群及产蛋情况

日龄/d	存栏数/只	鸡群成活率/%	产蛋数/个
282	15 748	98.43	14 257
283	15 732	98.33	14 203
284	15 719	98.24	14 283
285	15 708	98.18	14 334
286	15 703	98.14	14 383
287	15 700	98.13	14 407
288	15 696	98.10	14 426
289	15 694	98.09	14 458

鸡群死淘数变化情况如图3所示。

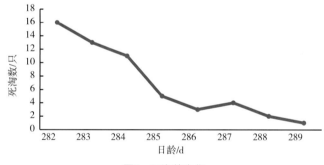

图3 死淘数变化

产蛋率变化如图4所示。

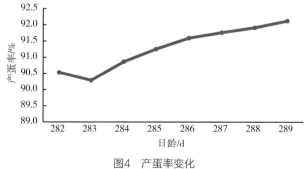

图4 产蛋率变化

4 试验结论

（1）按照国家相关法律规定，为防止鸡蛋中出现药物残留，严格执行兽药休药期，蛋鸡产蛋期禁用一切抗生素。针对蛋鸡混合感染疾病，采用纯中药组方进行治疗，芪黄素+锦心口服液+肝肾康连用4 d。

（2）通过鸡群死淘数和产蛋率变化数可见，用药后，鸡群死淘数明显下降，从用药前的13只，下降到2只；产蛋率从90.28%提升到91.91%。本试验结果说明鸡群用药后抗病力提高，细菌感染得到有效控制，肝脏和肾脏的代谢和排泄机能明显提升，鸡群健康状况好转。

（李贵民 刘建超）

锦心口服液对蛋鸡输卵管炎的防治

1 试验设计

1.1 试验目的

本试验是北京生泰尔科技股份有限公司与某养殖场共同开展，由北京生泰尔科技股份有限公司结合此养殖情况制定针对性的用药方案，用于解决养殖过程中多发顽固性大肠杆菌病。

1.2 试验动物

350日龄海兰褐商品蛋鸡。

1.3 试验时间

2021年8月13—17日。

1.4 试验地点

山东某蛋鸡养殖场。

1.5 材料与方法

1.6 试验药品

锦心口服液，国家三类新兽药，北京生泰尔科技股份有限公司提供。

1.7 试验方法

试验组选取10 000只350日龄的海兰褐商品蛋鸡，观察用药前和用药后的临床表现对比。用药方案如表1所示。

表1 用药方案

药品	使用剂量
锦心口服液	1 000 mL兑水1 000 kg，分早晚2次饮用，每次3 h

2 临床统计

鸡群临床表现有脏蛋、粪蛋，蛋壳有暗色斑点，粪便稀、成形性差，剖检发现有输卵管炎（图1、图2）。送检样本中检测出大肠杆菌。

用药前鸡蛋品质

图1 用药前后蛋壳变化对比

用药前粪便照片　　　　　　　　　　用药后粪便照片

图2 用药前后粪便变化对比

3 讨论

（1）由图1可以看出，锦心口服液使用5 d后，蛋壳颜色变化明显，比用药之前颜色光亮，蛋壳上暗色斑点减少，脏蛋减少。

（2）由图2可以看出，锦心口服液用药前后粪便变化明显，用药后粪便成形、未消化的饲料颗粒明显减少。

4 试验结论

试验结果表明，锦心口服液对商品蛋鸡大肠杆菌性输卵管炎防治可行有效。

（于松林　张涛）

锦心口服液用于蛋鸡细菌性疾病的防控

1 试验设计

1.1 试验药物

锦心口服液，国家三类新兽药，北京生泰尔科技股份有限公司提供。

1.2 试验动物

500日龄海兰褐商品蛋鸡，某养殖企业提供。

1.3 试验时间和地点

2021年8月18—25日，某蛋鸡养殖场。

1.4 试验方法

选取8 000只500日龄临床有输卵管炎和肠炎的海兰褐商品蛋鸡，观察用药前和用药中及用药后的临床指标，用药方法见表1。

表1 用药方法

药品	使用剂量
锦心口服液	1 000 mL兑水1 000 kg，分早晚2次饮水，每次饮水3 h

1.5 数据收集与分析

2021年8月18—25日观察记录鸡群次品蛋数、合格蛋数、死淘数、采食量等。

2 结果

2.1 用药前和用药中鸡群生产指标

表2为用药前和用药中鸡群生产指标数据。

表2 用药前和用药中鸡群生产指标数据

时间	采食量/kg	饮水量/kg	产蛋率/%	不合格蛋率/%
用药前2 d	950	2 050	84.5	
用药前1 d	950	2 050	84.2	8
用药当天	950	2 050	84.4	
用药后1 d	950	2 050	84.5	7
用药后2 d	950	2 050	85.1	
用药后3 d	950	2 050	85.6	5
用药后4 d	950	2 050	85.1	2
用药后5 d	950	2 050	86.6	

注：不合格蛋指白皮蛋、砂壳蛋、破蛋等。

表2数据显示，鸡群在锦心口服液用药前和用药中采食量和饮水量没有变化；产蛋率由84.4%上升到86.6%，上升2.2个百分点，不合格蛋率由8%降低到2%，下降6个百分点。

2.2 试验前后鸡蛋品质变化

试验前后鸡蛋品质如图1和图2所示。

图1 试验前鸡蛋品质

图2 试验后鸡蛋品质

由图1和图2可以看出，锦心口服液使用6 d后，蛋壳颜色变化明显，比用药前颜色光亮，蛋壳砂点减少，蛋变得圆润。

2.3　试验前后粪便变化

试验前后粪便情况如图3和图4所示。

图3　试验前粪便　　　　　　　　图4　试验后粪便

由图3和图4可以看出，锦心口服液用药前后粪便变化明显，用药后粪便成形、未消化的饲料颗粒明显减少。

3　讨论和分析

（1）使用锦心口服液后不合格蛋率下降了6个百分点，证明锦心口服液对于输卵管炎的治疗有效。

（2）产蛋率比使用前提高了2.2个百分点，证明使用锦心口服液后消化吸收功能提高，产蛋率略有提高。

（3）锦心口服液使用6 d后，蛋壳颜色变化明显，比用药前颜色光亮，蛋壳砂点减少，蛋变得圆润。

（4）锦心口服液用药前后粪便变化明显，用药后粪便成形、未消化的饲料颗粒明显减少。

4　结论

通过本次试验的开展验证了商品蛋鸡输卵管炎和肠炎防治时使用锦心口服液替代抗生素方案可行，锦心口服液安全有效。

（于松林）

【肉鸡应用案例】

锦心口服液对白羽肉鸡肠炎的效果验证

近几年食品安全已成为国民的焦点，也成为每年全国两会的热点，国家相继出台了《中华人民共和国食品安全法》，颁布了"禁抗令"，并陆续禁止了部分抗生素在动物性食品中使用。然而，现阶段国内仍存在抗生素的滥用现象，导致药物残留超标、耐药菌株频繁出现且形势越来越严峻，抗生素对动物机体内脏器官造成损伤而影响养殖效益。

北京生泰尔科技股份有限公司关注食品安全，为解决家禽养殖药残问题提出切实可行的方案。通过使用纯中药制剂对养殖关键日龄进行有效的防控，在同等或低于原有用药成本的情况下，实现了养殖成绩的稳定。其推出的养殖用药方案为养殖企业少用或不用抗生素提供了契机，为向市场提供无药物残留的产品提供了保证，为国家食品安全做出了一份贡献。

1　试验设计

1.1　试验药物

锦心口服液，国家三类新兽药，北京生泰尔科技股份有限公司提供。

氟苯尼考，某企业自行采购。

1.2　试验动物

白羽肉鸡，由某企业提供。

1.3　试验时间

2021年6月29日至2021年7月10日。

1.4　试验地点

某企业标准化肉鸡养殖场。

1.5　试验方法

1.5.1　试验分组

选取自养场中同一品种，同一种源的白羽肉鸡，具体分组见表1。

表1　试验分组

试验分组	饲养数量/只	试验开始时间	试验结束时间
试验组	35 700	6月29日	7月10日
对照组	35 700	6月29日	7月10日

1.5.2　试验处理

在本批次养殖过程中，试验组按照北京生泰尔科技股份有限公司提供的用药方案进行用药，对照组按照养殖场原有用药方案进行用药（表2）。

表2　用药方案

组别	日龄/d	药物名称	使用剂量
试验组	32～35	锦心口服液	1 000 mL兑水500 kg，早晚各给药1次
对照组	32～35	氟苯尼考	

2　试验结果

2.1　死淘率对比

试验组和对照组死淘率如表3所示。

表3　养殖死淘率对比

组别	第5周死淘率/%	总死淘率/%
试验组	0.91	2.90
对照组	1.01	3.02

由表3可以看出，试验组第5周死淘率低于对照组0.1个百分点，试验组总死淘率低于对照组0.12个百分点。

2.2　出栏成绩对比

试验组和对照组出栏成绩如表4所示。

表4　出栏成绩对比

组别	饲养羽数/只	出栏率/%	出栏体重/kg	料肉比	欧洲指数	出栏日龄/d
试验组	35 700	99.68	2.85	1.48	446	42
对照组	35 700	98.22	2.83	1.49	433	42

由表4可以看出试验组比对照组出栏率高1.46个百分点，出栏体重高0.02 kg，料肉比低0.01，欧洲指数高13。

2.3　粪便情况

试验组和对照组粪便情况如图1至图4所示，图5为养殖场鸡舍环境。

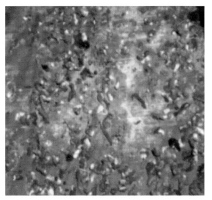 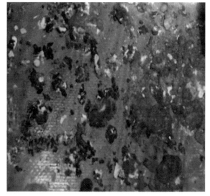

图1　试验组第4天粪便　　　　　　　图2　对照组第4天粪便

由图1和图2可以看出试验组第4天粪便成形率好于对照组，粪便中未消化饲料试验组少于对照组。

图3　试验组第35天粪便　　　　　　图4　对照组第35天粪便

由图3和图4可以看出，第35天粪便试验组成形率及饲料消化率好于对照组，对照组粪便中明显有未消化的饲料颗粒。

图5　鸡舍环境

3　综合分析

通过本次试验的开展验证了白羽肉鸡肠炎防治时使用锦心口服液替代抗生素方案可行，锦心口服液安全有效。

（于松林　毛强伟）

锦心口服液对肉鸡大肠杆菌病的防治效果验证

1 试验设计

1.1 试验目的

在养殖过程中多发顽固性大肠杆菌病，抗生素治疗不敏感，或治疗后反复发作，给养殖场造成很大损失，为验证锦心口服液对大肠杆菌的效果，以及对机体的调理作用，特开展本次产品验证试验。

1.2 试验时间

2021年7月5—9日。

1.3 试验地点

辽宁省瓦房店市某肉鸡养殖场。

1.4 试验产品

锦心口服液，国家三类新兽药，北京生泰尔科技股份有限公司提供。

1.5 试验动物

AA白羽肉鸡。

2 临床症状

该饲养场共5栋饲养每栋存栏22 400只，鸡群20日龄，大群可见精神萎靡，采食量突然下降；缩头，闭目，脱水，爪子发干，羽毛杂乱污秽，排黄色，白色稀粪便，肛门受到污染，死亡数每栋舍在150只左右。

3 病理变化

临床剖检可见，纤维素性心包炎，其特征病变为心包膜增厚、粘连，心包液，浑浊，心包膜和心外膜上有纤维蛋白附着，呈白色。肝周炎，肝脏肿大，表面有一层黄白色纤维蛋白附着，肝脏变硬，有大小不一的坏死点，腹腔有黄色液体，肠道粘连，肠道内黏膜充血，增厚，严重者形成溃烂、坏死（图1）。

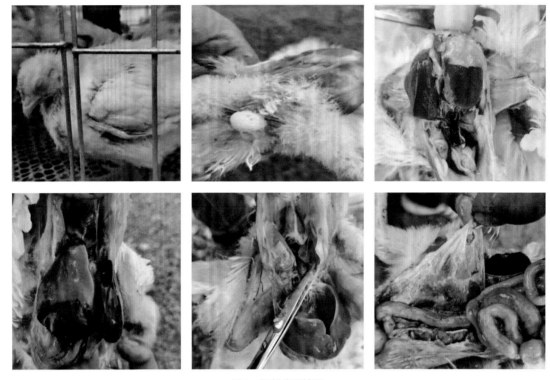

图1　解剖病理情况

4　诊断结果

初步诊断为大肠杆菌病引起的气囊炎、心包炎和肝周炎。

5　用药史

鸡群在10日龄投药复方阿莫西林或其他抗生素连用3 d，停药后鸡群状态与死淘数没有明显变化。

6　产品及使用方法

锦心口服液每瓶1 L兑水500 kg，集中饮水使用4 h，连用4 d。

7　使用效果

用药后跟踪回访，鸡群精神状况明显好转，粪便颜色正常，无白色粪便，死亡数在30只以内，多数为弱小残鸡。

死淘数变化情况如表1所示。

表1　死淘数变化情况　　　　　　　　　　　　　　　　　　　　单位：只

日龄/d	1号舍	2号舍	3号舍	4号舍	5号舍	合计	平均
20	146	139	157	115	143	700	140
21	97	105	140	93	130	565	113
22	59	64	99	57	71	350	70
23	15	34	38	19	22	128	26

8　分析

从死亡数据数据分析，使用药品后，鸡群情况明显好转，死亡明显减少，停药后无复发情况。从试验结果来看，锦心口服液对肉鸡大肠杆菌病的防治效果明显。

9　总结

（1）锦心口服液的主要成分为穿心莲、十大功劳、黄芩、地锦草、虎杖等，针对发生大肠杆菌病的鸡有很好的治疗效果。如果鸡群出现打蔫、"掉料"、心包炎、肝周炎鸡只过多的现象，建议使用锦心口服液连续使用4 d进行防控。

（2）锦心口服液可以抑制大肠杆菌病，对心包炎、肝周炎等症状有明显作用；同时，锦心口服液中的有效成分可以有效提高机体生产性能和对抗生素的敏感性，无药物残留，无休药期，安全绿色，可以在停药期使用。

（付洋　李越）

锦心口服液对白羽肉鸡流感与大肠杆菌病混合感染防治的可行性验证

1 试验设计

1.1 试验药物

锦心口服液，国家三类新兽药，北京生泰尔科技股份有限公司提供。

天然康，国家三类新兽药，北京生泰尔科技股份有限公司提供。

1.2 试验动物

白羽肉鸡24日龄，辽宁省瓦房店市某集团公司提供。

1.3 试验时间

2021年7月1—9日。

1.4 试验地点

某公司瓦房店自养场。

1.5 试验方法

1.5.1 试验处理

于24日龄开始试验，用药方案如表1所示。

表1 用药方案

组别	用药方案	使用剂量
试验组	锦心口服液	每1 L兑水600 kg
	天然康	每100 g兑水300 kg

1.5.2 试验观测指标

用药前后观测养殖数据：采食量、死淘数的变化，以及鸡群状态的变化。

2　临床症状

14日龄后陆续出现呼吸道症状，18日龄后出现大肠杆菌病混合感染症状，20日龄使用注射治疗后死淘数没有明显减少，每天陆续出现残弱雏鸡。

3　剖检症状

"三炎"（心包炎、肝周炎、腹膜炎）症状，气管出血，肺脏水肿，个别出现腹水。

4　临床诊断

流感病毒与大肠杆菌混合感染。

5　试验结果

5.1　用药期间死淘数

用药期间死淘数如表2所示。

表2　用药期间死淘数统计

日龄/d	死亡数/只	淘汰数/只	备注
20	45	108	养殖场原用药方案注射给药
21	48	76	停药
22	54	55	停药
23	57	55	停药
24	37	57	用药
25	45	67	用药
26	33	10	用药
27	20	10	用药
28	15	10	停药
29	10	9	停药

死淘分析：20日龄注射给药后，21~24日龄死淘数变化不大，24日龄开始用药，用药2 d后26日龄死亡和淘汰鸡数量均下降明显。

5.2　采食变化情况

采食变化情况如表3所示。

表3 采食变化情况统计

日龄/d	采食量/g	备注
20	75	养殖场原用药方案注射给药
21	75	停药
22	74	停药
23	80	停药
24	90	用药
25	110	用药
26	120	用药
27	130	用药
28	140	停药
29	145	停药

5.3 周末体重变化

周末体重变化情况如表4所示。

表4 周末体重变化情况统计

组别	第3周体重/g	第4周体重/g	第5周体重/g
试验组	900	1 300	1 950

周末体重分析：发病期第3周、第4周周末体重均不达标，恢复后第5周周末体重接近标准。

5.4 鸡群状态

用药前后鸡群状态如图1所示。

用药前   用药后

图1 鸡群状态变化

5.5 剖检情况

试验前后剖检情况如图2所示。

用药前　　　　　　　　　　　　　　用药后

图2　试验前后剖检情况

6 试验结果综合分析

试验结果显示，死淘数方面，原用药方案注射给药后，死淘数变化不大，使用锦心口服液后，死亡数和淘汰数均明显下降；采食量方面，同死淘数情况相似，原用药方案注射给药后几天内采食量变化不大，使用锦心口服液后，采食量明显上升到接近标准；剖检方面，用药后"三炎"症状消失。

7 结论

本次试验表明，在机体对抗生素敏感性逐渐降低的情况下，使用锦心口服液可以成功控制疾病的继续发展，使采食量恢复正常，死亡数和淘汰数明显下降。

（北京生泰尔科技股份有限公司）

锦心口服液+银黄口服液对低致病性禽流感和大肠杆菌病的防治效果验证

1 试验设计

1.1 试验背景

本试验场为单批次15万只左右的笼养肉鸡养殖小区，每栋养殖3万只左右，共5栋。鸡群在20日龄新城疫疫苗饮水免疫后开始出现呼吸道症状和打蔫鸡。试验组为第1栋鸡舍，22日龄，进雏28 900只，当前剩余28 000只左右；选择同一雏源、同一日龄的第2栋鸡舍作为对照组，当前剩余28 200只左右。

1.2 试验时间

2021年5月24—27日。

1.3 试验地点

辽宁省瓦房店市某规模化肉鸡养殖小区。

1.4 试验分组

22日龄AA+白羽肉鸡：试验组1栋，28 000只；对照组2栋，28 200只。

2 临床症状

AA+白羽肉鸡28 000只，22日龄，大群采食略有减少，大群中可见明显打蔫鸡，病鸡体温升高，羽毛松乱，缩颈闭目；大群可以观察到明显的呼吸道症状，咳嗽、打呼为主；个别鸡只可见伸颈呼吸（零星）；粪便以黄白绿色稀便为主。20日龄时死淘数为15只，21日龄时死淘数为23只，22日龄时死淘数为68只（图1）。

图1　临床症状

3　剖检症状

剖检可见病死鸡鸡爪灰白色，眼睑出血，气管呈弥漫性出血，出现严重的心包炎、肝周炎、气囊炎和腹膜炎，胸腔壁可见出血，腺胃乳头基层出血，十二指肠毛细血管充血，胰腺边缘可见明显出血带，肠道可见卡他性炎症（图2）。

图2　剖检症状

4　初步诊断

结合临床症状和剖检症状，初步诊断为低致病性禽流感病毒+大肠杆菌+支原体混合感染。

5 实验室诊断

现场采集病料送检。通过实验室PCR病原检测和细菌鉴别培养结果，最终确诊为低致病性禽流感病毒H9+大肠杆菌+滑液支原体（MS）混合感染。

病原检测结果见表1和图3。药敏试验检测结果（表2、图4）显示，所分离细菌对多种药物耐药。

表1　病原检测结果

检测项目	监测方法	检测结果
NDV（新城疫病毒）	RT-PCR	阴性
H9（禽流感病毒）	RT-PCR	阳性
IBV（传染性支气管炎病毒）	RT-PCR	阴性
MG（鸡毒支原体）	PCR	阴性
MS（滑液支原体）	PCR	阳性
FAV（腺病毒）	PCR	阴性

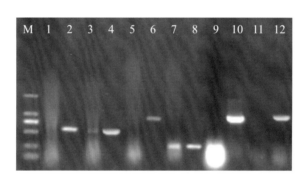

M—Marker；1—样品NDV检测结果；2—NDV阳性对照；3—样品H9检测结果；4—H9阳性对照；5—样品MG检测结果；6—MG阳性对照；7—样品MS检测结果；8—MS阳性对照；9—样品FAV检测结果；10—FAV阳性对照；11—样品IBV检测结果；12—IBV阳性对照。

图3　病原检测结果

表2　药敏试验检测结果

编号	药物名称	试验组	对照组
1	阿莫西林	耐药	耐药
2	盐酸林可霉素	耐药	耐药
3	青霉素	次敏感	耐药

（续表）

编号	药物名称	试验组	对照组
4	硫酸庆大霉素	次敏感	次敏感
5	头孢氨苄	次敏感	次敏感
6	氟苯尼考	耐药	耐药
7	盐酸多西环素	次敏感	次敏感
8	大观霉素	耐药	耐药
9	安普霉素	耐药	耐药
10	乳酸环丙沙星	耐药	耐药
11	新霉素	耐药	次敏感
12	硫酸链霉素	耐药	耐药
13	硫氰酸红霉素	耐药	耐药
14	黏菌素	次敏感	次敏感
15	盐酸土霉素	耐药	耐药
16	恩诺沙星	耐药	耐药

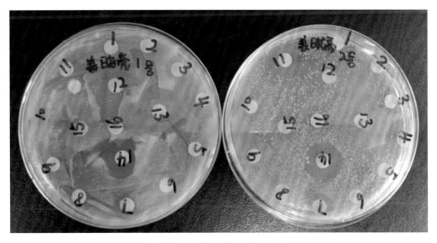

图4　纸片扩散法药敏试验结果

6　用药方案

经初步诊断结果，用药思路以控制流感病毒、大肠杆菌和支原体感染为主（表3）。

表3　用药方案

组别	试验组	对照组
用药方案	银黄口服液+锦心口服液，连用4 d	麻杏石甘口服液+30%氟苯尼考可溶性粉，连用4 d
用药成本	0.26元/只	0.28元/只

7　试验结果

鸡群死淘数和采食量变化情况如图5和图6所示。鸡群情况如图7所示。

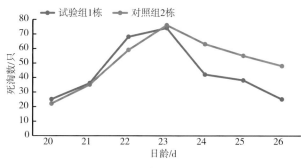

图5　死淘变化情况

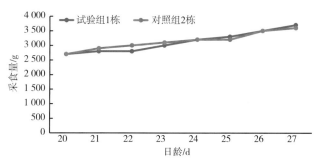

图6　采食量变化情况

图7　鸡群恢复情况

8　试验结论

（1）通过临床症状和剖检症状，结合全场鸡群发病和死淘情况，及时采集病料送实验室进行相关检测；同时，采用银黄口服液+锦心口服液对发病鸡群进行应急治疗，针对病毒病和细菌病混合感染建议给药4 d以上。

（2）试验组采用银黄口服液+锦心口服液替代传统的抗生素用于后续疾病防控；对照组采用常规抗生素氟苯尼考+麻杏石甘口服液进行治疗。后续通过药敏检测结果发现，细菌对氟苯尼考存在耐药现象，故敏感性降低，使用效果未达到预期。

（3）抗生素用于大肠杆菌病防控存在很大弊端，如药物代谢过程中对肝脏、肾脏的损伤问题和耐药性问题。复方抗生素含量偏低，组方混乱，临床使用效果较差；国家规范抗生素滥用现象，严格执行药品休药期，多数抗生素在肉鸡30 d后无法使用。

（4）通过试验结果发现，试验组的临床用药效果在控制鸡群死淘数和提升鸡群采食量方面均优于对照组；试验组用药成本比对照组低了0.02元/只。后续跟踪回访显示，鸡群在30 d左右，咳嗽、打呼等呼吸道症状基本消失，说明银黄口服液和锦心口服液在防控鸡群病毒性呼吸道疾病和支原体感染方面具有独特疗效。

（李贵民）

锦心口服液在白羽肉鸡无抗养殖中的应用

1 试验设计

1.1 试验目的

为验证锦心口服液在白羽肉鸡上替代抗生素用于防治细菌性疾病的使用效果。本次试验在某集团自养场开展，选取AA白羽肉鸡174 600只随机分为2组；试验组共3栋，分别为1栋、3栋、5栋共87 300只；对照组共3栋，分别为2栋、4栋、6栋共87 300只，饲养模式为立体养殖。

1.2 试验药品

锦心口服液，国家三类新兽药，北京生泰尔科技股份有限公司提供。

其他药品均由某集团自养场自购。

1.3 试验动物

17日龄AA白羽肉鸡，某集团自养场提供。

1.4 试验时间和地点

2021年7月10—15日；某集团自养场。

1.5 试验分组

本次试验选取某集团孵化场的AA商品白羽肉鸡苗共计174 600只；随机分为试验组87 300只；对照组87 300只。

1.6 试验方案

各组按表1用药方案进行试验。

表1 用药方案

分组	药品名称	使用剂量	使用日龄
试验组	锦心口服液	1 000 mL兑水500 kg	17～20日龄
对照组	氟苯尼考	每袋100 g兑水400 kg	17～20日龄

1.7 试验各组鸡群症状

鸡均表现精神不振，采食量骤减，趴窝不动，羽毛松乱。剖检症状出现心包炎、肝周炎、气囊炎、腹膜炎症状，肾脏肿大，个别鸡出现"黑肺"、肺水肿。

2 结果

2.1 死淘数和采食量情况

试验组和对照组各栋死淘数和总采食量统计结果如表2和表3所示。

表2 死淘数统计结果 单位：只

日龄/d	试验组			对照组		
	1栋	3栋	5栋	2栋	4栋	6栋
17	40	36	106	44	40	125
18	35	33	87	39	34	76
19	33	28	52	37	29	83
20	15	16	39	25	20	54

表3 总采食量统计结果 单位：kg

日龄/d	试验组			对照组		
	1栋	3栋	5栋	2栋	4栋	6栋
17	2 350	2 250	2 150	2 350	2 400	2 300
18	2 400	2 350	2 250	2 350	2 450	2 400
19	2 550	2 450	2 400	2 400	2 600	2 500
20	2 650	2 800	2 750	2 500	2 650	2 500

由表2可以看出，试验组死淘数优于对照组。

由表3可以看出，试验组采食量略好于对照组，采食量恢复比较快。

2.2 心包炎和肝周炎比例

试验组和对照组心包炎和肝周炎比例见表4。

表4 试验组和对照组心包炎和肝周炎比例   单位：%

组别和栋号	用药前	用药后
试验组1栋	50	10
对照组2栋	60	10
试验组3栋	40	3
对照组4栋	30	5
试验组5栋	40	3
对照组6栋	60	2

2.3 剖检情况

各组部分剖检情况如图1所示。

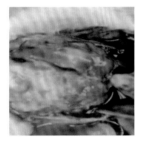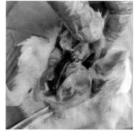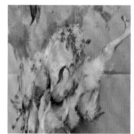

图1 剖检情况

大肠杆菌感染鸡后，剖检可见在心脏周围有纤维素性心包炎，部分有干酪样渗出物，肝包膜呈白色浑浊和黄色浑浊，有纤维素性附着物，有时可见白色坏死斑点。

3 结论

从试验结果统计数据来看，结合养殖过程中的实际情况分析，锦心口服液可以替代养殖过程中的部分抗生素使用，尤其是停药期抗生素的使用，不影响养殖效益。锦心口服液对败血型大肠杆菌病有很好的治疗效果，甚至可以和抗生素达到同等治疗效果，降低鸡群死淘率，减少心包炎和肝周炎。

（张继宇　李佳惠）

锦心口服液在肉鸡停药期控制大肠杆菌病的治疗案例

1 试验设计

1.1 试验药物

锦心口服液，国家三类新兽药，北京生泰尔科技股份有限公司提供。

1.2 试验动物

31~34日龄白羽肉鸡29 000只，笼养模式。

1.3 用药时间

2021年6月14—17日。

1.4 试验地点

辽宁省大连市普兰店区某养殖场。

2 临床症状

20~30日龄期间使用过氟苯尼考，鸡群死淘数变化不大，每天都会淘汰由于病程过长导致消瘦的弱残鸡。临床表现为缩脖、闭目、干爪等症状（图1）。

图1 临床症状

3　剖检症状

剖检主要以心包炎、肝周炎为主，个别病程较长的病鸡有腹水现象（图2）。

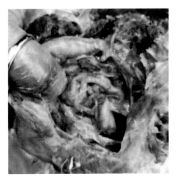

图2　剖检症状

4　初步诊断

根据临床症状和剖检变化，初步诊断为大肠杆菌病。

5　实验室诊断

细菌鉴别培养结果如表1和图3所示。革兰氏染色镜检结果如图4所示。

表1　细菌鉴别培养结果

显色培养基	伊红-亚甲蓝	SS	革兰氏染色	结果
蓝色	金属光泽	玫红	阴性杆菌	大肠杆菌

注：显色培养基，大肠杆菌菌落为蓝色，沙门菌为红色，其他均无色。伊红-亚甲蓝培养基，大肠杆菌有典型的金属光泽。SS培养基，沙门菌菌落中心呈黑色。

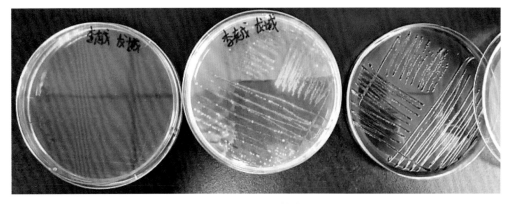

图3　细菌鉴别培养情况

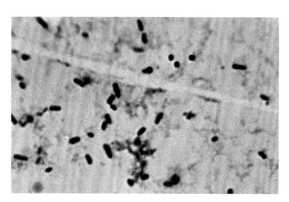

图4 革兰氏染色镜检结果

6 药敏试验结果

对分离细菌进行药敏试验，检测结果如表2和图5所示。

表2 药敏试验结果

编号	药物名称	结果
1	阿莫西林	耐药
2	盐酸林可霉素	耐药
3	青霉素	耐药
4	硫酸庆大霉素	耐药
5	头孢氨苄	耐药
6	氟苯尼考	耐药
7	盐酸多西环素	敏感
8	大观霉素	次敏感
9	安普霉素	次敏感
10	乳酸环丙沙星	耐药
11	新霉素	耐药
12	硫酸链霉素	耐药
13	硫氰酸红霉素	次敏感
14	黏菌素	敏感
15	盐酸土霉素	耐药
16	恩诺沙星	耐药

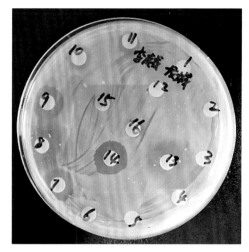

图5 部分药敏试验结果

7 试验方法

7.1 用药史

20～30日龄期间使用过氟苯尼考。

7.2 用药方案

按照北京生泰尔科技股份有限公司提供的用药方案进行用药（表3）。

表3 用药方案

药品名称	使用方法
锦心口服液	每瓶1 000 mL兑水600 kg集中饮水4 h，连续使用4 d

7.3 试验观测指标

观测用药前后死淘数、采食量等养殖数据变化，以及剖检前后变化。

8 试验结果

8.1 剖检以及精神状态变化

剖检后"三炎"症状基本消失，大群状态良好。

8.2 饲养数据变化

死淘数和采食量如表4所示。

表4 死淘数和采食量

日龄/d	死淘数/只	采食量/g	备注
31	95	135	用药第1天
32	76	140	用药第2天
33	72	145	用药第3天
34	32	158	用药第4天
35	24	160	停药
36	35	165	停药
37	25	165	停药
38	20	170	停药
39	18	175	停药

9 试验结果综合分析

本次试验前使用过氟苯尼考，没有起到预期效果。经过病料采集，实验室药敏试验结果显示，氟苯尼考药敏试验结果为耐药。通过使用锦心口服液后死淘率从3.3‰降低到0.6‰。试验用药前每只鸡的采食量为135 g，用药后增加到175 g。本试验说明，使用锦心口服液后鸡群状态向正方向发展，用药效果优于氟苯尼考。

10 结论

随着养殖业对药物残留控制越来越严格，常出现养殖后期无药可用的情况。本次试验证明，在养殖后期使用锦心口服液可以替代抗生素，起到抑制大肠杆菌病的作用，并且从采食量和死淘数来看，效果明显。本次试验为养殖后期大肠杆菌病问题，提供可参考的解决方案。

（付洋）

果根素配合锦心口服液对肉鸡呼吸道疾病和大肠杆菌病的防治效果验证

1 试验设计

1.1 试验目的

为验证果根素+锦心口服液对商品肉鸡呼吸道疾病和大肠杆菌病的防治效果,特开展本次试验。

1.2 试验动物

选取某商品肉鸡养殖场白羽肉鸡(科宝)。5栋鸡舍,鸡舍长90 m、宽16 m,鸡笼0.7 m×0.7 m,每栋鸡舍入雏24 500只。其中,2号舍与4号舍在16日龄同时出现呼吸道症状,2号舍呼吸道症状比4号舍略重。选取2号舍为试验组,4号舍为对照组。

1.3 试验药品

1.3.1 试验组

果根素,国家三类新兽药,北京生泰尔科技股份有限公司提供。

锦心口服液,国家三类新兽药,北京生泰尔科技股份有限公司提供。

1.3.2 对照组

麻杏石甘口服液,养殖场自购。

30%氟苯尼考可溶性粉,养殖场自购。

1.4 试验时间

2021年7月22—25日。

1.5 试验地点

辽宁省丹东市某规模化肉鸡养殖场。

2 临床症状

16日龄进行临床诊断，大群状况良好，采食量未见明显减少。鸡舍内可以听到明显的呼吸道症状，甩鼻、咳嗽为主，偶尔出现打呼。2号鸡舍呼吸道症状比4号舍重，鸡群长势良好，死淘鸡多为残弱鸡，粪便成形率尚可（图1）。

图1 临床症状

3 剖检症状

2号舍和4号舍对舍内蔫鸡进行剖检可见，肝脏上均有纤维素渗出物附着，说明鸡出现细菌感染导致炎性渗出。2号舍和4号舍内各挑取有呼吸道症状的病鸡进行现场剖检可见，2号舍病鸡喉头和气管环状出血明显，4号舍喉头未见明显出血主要以气管环出血为主；2号舍肺脏病变弥漫整个肺脏，两侧皆可见灰白色坏死，4号舍两侧肺脏仅有一侧出现边缘坏死；2号舍腹膜炎明显，腹气囊浑浊、可见泡沫，4号舍腹膜炎和腹气囊感染不明显。从剖检可见，试验组（2号舍）较对照组（4号舍）症状更典型，病情更重。

试验组和对照组剖检照片如图2所示。

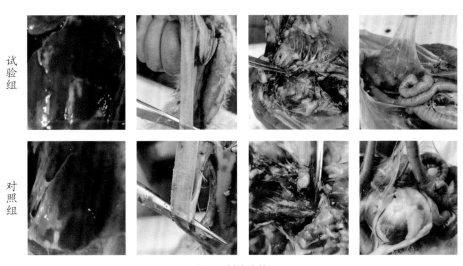

图2 剖检症状

4 试验数据统计

4.1 用药方案

试验组和对照组用药方案如表1和图3所示。

表1 用药方案

组别	用药方案	使用剂量	用药方法
试验组	果根素+锦心口服液	1 000 mL果根素兑水1 000 kg， 1 000 mL锦心口服液兑水750 kg	上午：锦心口服液饮水4 h； 晚上：果根素饮水4 h
对照组	麻杏石甘口服液+30% 氟苯尼考可溶性粉	200 mL麻杏石甘口服液250 kg 30%氟苯尼考可溶性粉按常规量使用	上午：集中混合饮水6 h

图3 试验药物

4.2 死淘数情况

试验组和对照组死淘数统计如图4所示。

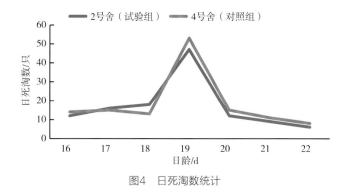

图4 日死淘数统计

5　试验结果综合分析

（1）从用药后鸡群呼吸道及死淘数变化分析，试验组果根素+锦心口服液与对照组麻杏石甘口服液+30%氟苯尼考可溶性粉，用药后鸡群呼吸道症状都明显减轻，咳嗽减少，死淘数均呈下降趋势，说明鸡群好转。备注：鸡群19日龄进行二次分群，淘汰了一部分残弱鸡。

（2）针对商品肉鸡在16日龄出现大肠杆菌感染和呼吸道症状，使用中药无抗组方果根素+锦心口服液进行治疗，效果理想，方案可行。

（3）用锦心口服液替代传统抗生素用于细菌病治疗，一方面可以减少抗生素的残留，减少抗生素对脏器的损伤，保障动物源性食品安全；另一方面也可以减少抗生素治疗的耐药性，交替使用可以逐步恢复抗生素治疗的敏感性。

（李贵民　姜晓亮）

天然康、锦心口服液对商品肉鸡传染性支气管炎及细菌病的防治效果验证

1　试验设计

1.1　试验目的

为验证天然康配合锦心口服液对商品肉鸡传染性支气管炎及细菌病混合感染的治疗效果，特开展本次试验。

1.2　试验动物

本试验场为单批次35万只左右的笼养肉鸡养殖小区，每栋养殖23 000只左右，共计15栋。临床诊断当天鸡群日龄在24～26 d不等，本批次商品肉鸡雏源来自三家不同的孵化场，发病鸡群为同一雏源，不同栋舍，共计约70 000只，分为3栋（8号舍、9号舍、10号舍）。

1.3　试验药品

天然康，国家三类新兽药，北京生泰尔科技股份有限公司提供。

锦心口服液，国家三类新兽药，北京生泰尔科技股份有限公司提供。

肝肾康，北京生泰尔科技股份有限公司提供。

1.4　试验时间

2021年8月11—14日。

1.5　试验地点

辽宁省铁岭市昌图县某规模化肉鸡养殖场。

2　临床症状

鸡群23日龄临床诊断，大群状况良好，鸡群长势一般，单只日采食量100～110 g不等，低于正常标准；病鸡眼睑变形，羽毛糙乱，闭目嗜睡；鸡舍内出现明显的呼吸道症状，甩鼻、咳嗽为主，不同鸡舍呼吸道症状略有差异；单栋最高日死淘数在40只左右；粪便成形率尚可，粪便中偶见未消化的饲料颗粒（图1）。

图1 临床症状

3 剖检症状

剖检病死鸡可见，气管出血，内有黄白色黏液；心脏和肝脏上出现黄色和白色炎性渗出（俗称"包心包肝"现象），占比100%；肺脏水肿，出血性坏死；肾脏肿大、出血，个别鸡出现"花斑肾"；个别鸡法氏囊肿大，内有白色黏液（图2）。

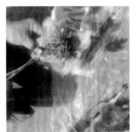

图2 剖检症状

4 初步诊断

结合临床症状和剖检症状，初步诊断为低致病性禽流感病毒+大肠杆菌+支原体混合感染。

5 实验室诊断

现场采集病料（气管、肺脏、肝脏），邮寄至诊断中心进行试验室诊断。通过实验室PCR病原检测和细菌鉴别培养结果，最终确诊为传染性支气管炎病毒+大肠杆菌+沙门菌+滑液支原体混合感染。

6 用药方案

结合初步诊断结果，用药思路以控制病毒性呼吸道症状、大肠杆菌病和支原体感染为主。组方为天然康+锦心口服液+肝肾康（表1）。

表1 用药方案

药物名称	用法用量
天然康	每袋100 g兑水250 kg，集中饮水4 h，连用4 d
锦心口服液	每瓶1 000 mL兑水600 kg，集中饮水4 h，连用4 d
肝肾康	每瓶1 000 mL兑水750 kg，晚上集中饮水5~6 h，连用3 d

7 试验结果

试验组各栋死淘数统计如表2所示。

表2 试验组各栋死淘数统计　　　　　　　　　　单位：只

类别	8号舍	9号舍	10号舍	合计
用药第1天	25	19	38	82
用药第2天	28	17	45	90
用药第3天	22	18	40	80
用药第4天	18	14	35	67
停药第1天	12	10	28	50
停药第2天	9	7	23	39

8 试验结果综合分析

（1）临床诊断前用药为氟苯尼考粉+强力霉素，停药2 d，用药后鸡群呼吸道症状略有减轻，但死淘数始终没有太大改善，每天进入鸡舍都可以挑出打蔫鸡和瘫痪鸡。

（2）结合诊断中心药敏试验检测结果可知，鸡群对氟苯尼考、强力霉素等抗生素严重耐药，对新霉素及黏菌素次敏感，故临床使用氟苯尼考粉+强力霉素效果不理想，没有达到预期效果，导致病程延长。

（3）针对白羽肉鸡大肠杆菌病防控，因常规抗生素（阿莫西林、氟苯尼考、利高霉素等）往往存在严重耐药，且敏感性高的抗生素多为氨基糖苷类抗生素（如新霉素、安普霉素、庆大霉素等）、黏菌素等，其胃肠道吸收比较差，生物利用度比较低，很难用于败血型大肠杆菌病的治疗。

（4）通过水质检测结果可见，水井和水线中的水，菌落总数多不可计；且水线水存在致病肠道菌多不可计的情况。说明该养殖场有必要进行水源净化，建议定期进行优克酸饮水，做好水线清洗、消毒工作。

（5）雏源选择很关键。本批次鸡群，通过天然康+锦心口服液+肝肾康投药4 d后，跟踪鸡群用药期间和停药后鸡群死淘数变化。各栋鸡群死淘数均呈下降趋势，总死淘数从82只降到39只，死淘率下降了52.4%；持续跟踪鸡群状态和呼吸道变化，呼吸道症状减轻，采食量提升。

9　结论

针对商品肉鸡传染性支气管炎和细菌病混合感染，使用天然康+锦心口服液治疗效果理想。如果鸡群出现肝脏、肾脏病变，建议投服肝肾康，调理肝肾功能，加速疾病转归。

（李贵民　姜晓亮）

【种鸡应用案例】

锦心口服液在种鸡上的应用

1 试验设计

1.1 试验药物

锦心口服液，国家三类新兽药，北京生泰尔科技股份有限公司提供。
香连溶液，国家三类新兽药，北京生泰尔科技股份有限公司提供。

1.2 试验动物

白羽肉种鸡，辽宁省庄河市某集团提供。

1.3 试验时间

2021年6月25—30日。

1.4 试验地点

辽宁省庄河市某集团养殖场。

2 临床症状

粪便为黄色、不成形，产蛋率增加缓慢。

3 初步诊断

结合临床症状，初步诊断为肠炎。

4 试验方法

4.1 试验处理

用药方案如表1所示。

表1　用药方案

用药方案	使用剂量	用法
锦心口服液	每1 L兑水750 kg	集中饮水4 h，连续使用4 d
香连溶液	每1 L兑水1 500 kg	集中饮水8 h，连续使用4 d

4.2　试验观测指标

观测产蛋率变化和粪便变化情况来确认试验结果。

5　试验结果

5.1　用药期间生产数据

种鸡生产原始数据如图1所示。

图1　种鸡生产原始数据

生产情况统计见表2。

表2　生产情况统计

日龄/d	产蛋数/枚	百分比/%	备注
218	4 221	80.5	用药
219	4 279	81.7	用药
220	4 291	81.9	用药
221	4 260	81.4	用药

（续表）

日龄/d	产蛋数/枚	百分比/%	备注
222	4 333	82.8	停药
223	4 385	83.9	停药

数据分析：用药前3 d，产蛋数增加不明显，停药2 d后产蛋率从用药第1天的80.5%增加到83.9%，产蛋率增加了3.4个百分点。

5.2 粪便变化情况

用药前后粪便情况如图2所示。

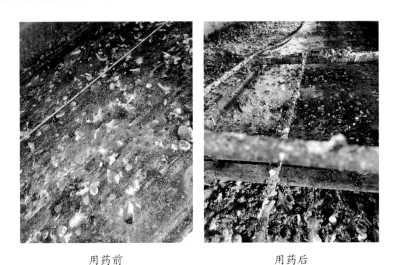

用药前   用药后

图2 粪便变化情况

由图2可以明确看出粪便的颜色与成形率均有很大的改善。

6 试验结果综合分析

通过用药，产蛋率从用药前的增加缓慢变为用药后的明显提高。粪便的变化从用药前的黄色稀便变为用药后的颜色和形状正常。

7 结论

夏季常见家禽肠道问题，在本次试验中，通过使用香连溶液和锦心口服液解决了鸡群腹泻和产蛋增加缓慢问题，为今后养殖中出现该类问题提供可参考的依据。

（付洋　刘建超）

锦心口服液对种鸡输卵管炎、腹膜炎的治疗

1　试验设计

1.1　试验药物

锦心口服液，国家三类新兽药，北京生泰尔科技股份有限公司提供。

清开素，国家三类新兽药，北京生泰尔科技股份有限公司提供。

1.2　试验动物

肉种鸡由辽宁省庄河市某集团公司提供。

1.3　试验时间

2021年7月14—20日。

1.4　试验地点

辽宁省庄河市某养殖场。

2　临床症状

畸形蛋增多，粪便发黄、变稀。

3　剖检症状

腹膜炎与大肠杆菌感染症状。

4　试验方法

4.1　试验处理

用药方案如表1所示。

表1　用药方案

用药方案	使用剂量	备注
锦心口服液	1 L兑水600 kg，集中4 h饮水	连续使用4 d
清开素	1 L兑水1 500 kg，集中4 h饮水	连续使用4 d

4.2　试验观测指标

观测试验前后鸡群状态、畸形蛋变化情况和粪便变化情况。

5　试验结果

5.1　鸡群状态

鸡群状态如图1所示。鸡群状态正常。

图1　鸡群状态

5.2　生产数据

生产数据变化如图2所示。

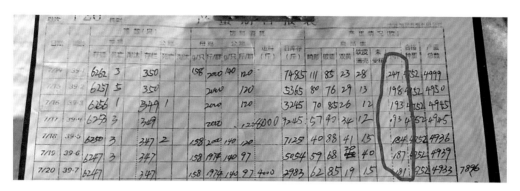

图2　原始数据

由图2原始数据可以看出，畸形蛋数量明显减少。

5.3　粪便情况

粪便变化情况如图 3 和图 4 所示。

图3　用药前粪便情况

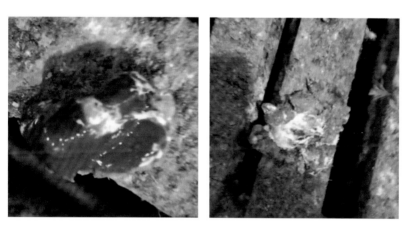

图4　用药后粪便情况

粪便情况：从用药前的稀便、颜色发黄情况好转为正常粪便。

6　试验结果综合分析

综合以上临床变化情况表明，鸡群在用药后，鸡体自身情况好转，合格种蛋数提高，畸形蛋减少，粪便情况恢复正常，说明本次治疗方案可行。

7　结论

在种鸡饲养过程中，出现细菌性肠炎、大肠杆菌病、腹膜炎情况，使用锦心口服液配合清开素一起进行治疗，可以有效恢复鸡群状态，减少畸形蛋数量，恢复粪便正常形态。

（刘建超）

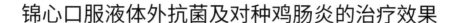

锦心口服液体外抗菌及对种鸡肠炎的治疗效果

1 试验设计

罗斯308肉种鸡15 600只（公母比例约为1∶10），由河北省某鸡场提供。

锦心口服液，购自北京某医药公司；生物学显微镜，购自Leica Microsystems Inc.公司；MTT（噻唑蓝），购自MYM Biological Technology公司；强化梭菌培养基，购自青岛海博生物技术有限公司；酶标仪（型号为DMN-9602G），购自北京普朗新技术有限公司；离心机（型号为TGL-16C），购自上海安亭科学仪器厂；魏氏梭菌，由北京生泰尔科技股份有限公司诊断中心提供。

2 试验方法

2.1 体外抗菌试验

2.1.1 锦心口服液的稀释

取3个灭菌的100 mL烧杯，分别加入灭菌生理盐水40 mL、90 mL、90 mL，然后吸取10 mL锦心口服液加入第1个烧杯中，混合均匀后吸取10 mL加入第2个烧杯中，混合均匀后吸取10 mL至第3个烧杯中，这样就将锦心口服液稀释至1∶5、1∶50、1∶500三种浓度，备用。

2.1.2 MTT的配制

取MTT 0.5 g，加入100 mL生理盐水，0.22 μm滤膜过滤。分装成5 mL的小包装，保存于-20℃冰箱中，备用。

2.1.3 菌悬液的制备

取1支灭菌的20 mL试管，加入10 mL梭菌培养基，接种100 μL梭菌，于37℃二氧化碳环境培养24 h，取出，作为试验用菌悬液，备用。

2.1.4 MTT法抗菌试验步骤

（1）取灭菌1.5 mL离心管，加入0.6 mL的强化梭菌培养基（2×），再加入0.6 mL的不同浓度的锦心口服液稀释液（锦心口服液终浓度为1∶10、1∶100、1∶1 000），吸取20 μL菌悬液，加入混合液中；另取不加锦心口服液的培养液，加入20 μL菌悬液作为阳性对照。37℃二氧化碳环境培养16～18 h。每个试验组重复1次。

（2）8 000 r/min离心培养5 min，弃去上清液。

（3）加入1 mL灭菌生理盐水、100 μL的MTT溶液，充分混匀，37℃反应4 h。

（4）8 000 r/min离心5 min，弃去上清液，加入1 mL二甲基亚砜（DMSO），振荡使沉淀充分溶解。

（5）吸取200 μL至96孔板，492 nm处观察OD值。由于OD值和菌体数量呈正比关系，因此，OD值的大小可以间接反映菌体的数量。

2.2 临床试验

2.2.1 临床症状

河北某鸡场A1栋鸡舍有鸡7 784只，A2栋鸡舍有鸡7 816只，共计15 600只。鸡只50周龄时发生少量死亡现象，排黑绿色或灰褐色稀粪，剖检死亡鸡只可见肠管扩张，空肠和回肠充满气体，肠壁变薄、有出血点，肝脏有坏死。

2.2.2 病原的检测与肠道病变观察

挑选10只精神状态不佳、有腹泻症状的鸡只，其中5只标记后留至投药后第5天剖检观察，另外5只采用空气栓塞法处死，进行病原检测和肠道病变观察。

2.2.3 给药方法

对出现症状的鸡群使用锦心口服液进行饮水治疗，上午集中饮用4 h，连续使用7 d。

2.3 数据的统计分析

从用药前4 d开始，到停药后第7天结束（共18 d），每天记录两栋鸡舍鸡只的死亡数和产蛋数，计算产蛋率。

抑菌效果的检测结果用SPSS 16.0软件进行统计处理，用"平均值±标准误"表示。采用t检验对结果进行差异显著性分析，$P<0.01$表示差异极显著，$P<0.05$表示差异显著，$P>0.05$表示差异不显著。

3 结果与分析

3.1 体外抗菌试验

抑菌效果如表1所示。

表1 MTT法检测不同浓度的锦心口服液抑菌效果

项目	1∶10稀释	1∶100稀释	1∶1 000稀释	阳性组
OD值	0.00** ± 0.00	1.36** ± 0.08	2.12* ± 0.08	2.52 ± 0.07

注：与阳性组比较，*表示差异显著（$P<0.05$），**表示差异极显著（$P<0.01$）。

由表1可以看出，锦心口服液浓度为1∶10时可以完全抑制梭菌生长；浓度为1∶100和1∶1 000时不能完全抑制梭菌生长，但是通过对OD值的分析可以发现，梭菌的繁殖速度显著下降（$P<0.01$或$P<0.05$），对梭菌的生长有抑制作用。

3.2　临床试验

考虑到用药成本，推荐治疗使用的锦心口服液浓度为1∶1 000（1 mL/L）。

3.2.1　病原鉴定结果

无菌条件下取肠道黏膜内容物，进行涂片，采用革兰氏染色法进行染色，在显微镜下观察，发现两端钝圆的革兰氏阳性杆菌，刮取肠黏膜直接接种于血琼脂平板上，于37℃恒温厌氧培养24 h，可见圆形、光滑隆起、边缘整齐的白色菌落，菌落周围有一完全溶血的内环，而外环则不完全溶血。分离菌可发酵葡萄糖、麦芽糖、乳糖和蔗糖，不发酵甘露醇，可液化明胶，石蕊牛乳试验阳性，吲哚试验阴性，根据生长需要和生化特性即可鉴定该菌。同时，盲肠无病变，肠黏膜和粪便镜检观察证明无球虫存在，可排除球虫感染。

根据鸡场以往的流行病情况、临床症状、肠道剖检病变观察、菌落生长特点和生化特性，可以判断为魏氏梭菌引起的肠炎。

3.2.2　鸡群使用锦心口服液前后生产数据变化情况

鸡群使用锦心口服液前后生产数据变化情况如表2和表3所示。

表2　锦心口服液使用前后死鸡数、产蛋率变化（A1栋鸡舍）

	时间	存栏量/只	死鸡数/只	产蛋率/%
用药前	第1天	7 784	8	82.7
	第2天	7 776	11	82.8
	第3天	7 765	15	82.1
	第4天	7 750	14	82.2
使用锦心口服液	第5天	7 731	18	82.1
	第6天	7 713	17	81.8
	第7天	7 696	20	79.5
	第8天	7 676	19	79.5
	第9天	7 657	18	78.7
	第10天	7 639	13	75.4
	第11天	7 626	13	75.2

（续表）

时间		存栏量/只	死鸡数/只	产蛋率/%
用药后观察	第12天	7 608	11	74.8
	第13天	7 597	12	76.9
	第14天	7 585	7	78.2
	第15天	7 578	6	79.8
	第16天	7 572	4	80.7
	第17天	7 568	5	81.4
	第18天	7 563	3	81.5

表3　锦心口服液使用前后死鸡数、产蛋率变化（A2栋鸡舍）

时间		存栏量/只	死亡数/只	产蛋率/%
用药前	第1天	7 816	9	83.1
	第2天	7 807	11	82.7
	第3天	7 796	12	82.8
	第4天	7 784	15	81.5
使用锦心口服液	第5天	7 764	14	81.1
	第6天	7 750	15	81.3
	第7天	7 735	19	80.4
	第8天	7 716	17	79.5
	第9天	7 699	15	78.7
	第10天	7 684	12	77.4
	第11天	7 672	10	75.2
用药后观察	第12天	7 657	11	75.4
	第13天	7 646	8	76.3
	第14天	7 638	5	77.9
	第15天	7 633	3	78.8
	第16天	7 630	4	79.5
	第17天	7 626	3	81.2
	第18天	7 623	2	82.6

由表2和表3可以看出，A1栋和A2栋鸡舍鸡群使用锦心口服液7 d后鸡群死淘数量得到控制；用药结束后继续跟踪观察，鸡群的死淘数逐渐减少，产蛋率逐渐回升。

3.2.3　锦心口服液使用前后鸡的肠道变化

用药前后肠道变化结果如图1和图2所示。

图1　用药前肠道剖检（用药当天）　　　　图2　用药后肠道剖检（用药第5天）

由图1和图2可以明显观察到，用药前鸡肠道的上皮可见坏死，局部增厚肿胀，使用锦心口服液后，第5天肠道病变减轻，局部增厚肿胀已不明显。

4　讨论

鸡坏死性肠炎是由魏氏梭菌引起的一种细菌性疾病，魏氏梭菌是条件性致病菌，该病原菌主要存在于鸡的消化道中。在通常情况下，魏氏梭菌不会引发疾病，但是当受到应激性因素影响或在机体抵抗力降低的情况下，很容易引发坏死性肠炎，给养殖户造成经济损失。

锦心口服液的体外抗菌试验表明，虽然低浓度的锦心口服液没有完全抑制梭菌的生长，但是延缓了梭菌的生长速度，为鸡的机体免疫力产生和自身恢复赢取了时间。

临床试验中，锦心口服液可以控制魏氏梭菌引起的鸡死亡，逐渐恢复鸡的产蛋率。锦心口服液在治疗疾病的同时没有药物残留问题，产蛋期可用，其主要成分为穿心莲、十大功劳、地锦草、虎杖等，其中穿心莲具有抗菌活性，可减少毛细血管壁的渗出，对白细胞游走有明显的抑制作用，具有明显抗感染作用；地锦草具有抑菌作用，临床常用于肠炎的治疗，能快速缩短凝血时间和出血时间；虎杖具有抗炎镇痛、清热解毒的作用，对急性上消化道出血具有促进内凝血的功效，同时能增加肠蠕动，有利于肠内淤血的排出；十大功劳具有抗炎、抗菌活性，其中分离出的巴马亭、小檗碱和药根碱被证明具有抗菌

作用。

　　本研究结果表明，锦心口服液具有显著的抗菌、消炎作用，对魏氏梭菌性肠炎鸡群使用7 d后可以控制住病情，使其逐渐恢复生产性能，说明锦心口服液对由魏氏梭菌引起的鸡坏死性肠炎有明显的治疗效果。

（北京生泰尔科技股份有限公司）

参考文献

蔡仙德，谭剑平，穆维同，等，1994. 黄芩苷对小鼠细胞免疫功能的影响[J]. 南京铁道医学院学报，13（2）：65-68.

曹翠萍，宁海强，孙丽，等，2007. 中药对大肠杆菌抑制作用及耐药性诱导作用的研究[J]. 西南农业学报（5）：1101-1104.

陈国祥，丁伯平，徐瑶，等，2000. 穿心莲胶囊抗炎作用的研究[J]. 现代中西医结合杂志，10（11）：1004.

陈红专，苏萌，刘国立，等，2017. 中药在家禽养殖中的应用及前景[J]. 现代畜牧兽医（4）：53-57.

陈鹏，杨丽川，雷伟亚，等，2006. 虎杖苷抗血栓形成作用的实验研究[J]. 昆明医学院学报，25（1）：10-12.

东贤，李肖莉，刘洁，等，2022. 灵寿县中润养殖有限公司"减抗"经验及做法[J]. 北方牧业（18）：7.

斗章，颜世超，巩和悦，等，2014. 中草药对细菌耐药性消除作用的研究进展[J]. 黑龙江医药科学，37（4）：78.

段霞，刘莹，张坤秀，等，2005. 虎杖提取液对小白鼠离体子宫平滑肌收缩性能的影响[J]. 右江医学，33（5）：481-482.

樊梅娜，张国珍，孟洁，等，2022. 禁抗背景下益生菌制剂在畜禽养殖中的应用研究进展[J]. 广东饲料，31（4）：38-41.

范书铎，赵红艳，王翠花，等，1995. 黄芩苷对发热大鼠解热作用的实验研究[J]. 中国医科大学学报，24（4）：358-360.

冯磊，张莲芬，严婷，等，2006. 中药虎杖中抗癌活性物质研究[J]. 中药材，29（7）：689-691.

傅志泉，雍定国，周智林，等，2006. 虎杖对急性上消化道出血的临床及实验研究[J]. 中国医院药学杂志，26（5）：529-531.

高振同，李肖莉，张楠，等，2022. 石家庄润鑫养殖有限公司"减抗"经验及做法[J]. 北方牧业（18）：4.

公衍玲，王宏波，赵文英，等，2008. 虎杖及配伍醇提液不同极性提取物的抑菌活性[J]. 青岛科技大学学报（自然科学版），29（5）：419-421.

顾关云，蒋昱，2005. 十大功劳属植物化学成分与生物活性[J]. 国外医药（植物药分册）（5）：185-190.

郭洁云，朱文庆，赵维中，等，2006. 虎杖苷对实验性急性胃黏膜损伤的保护作用[J]. 时珍国医国药，17（11）：2183-2184.

郭胜蓝，孙莉莎，欧阳石，等，2005. 虎杖苷对大鼠急性脑缺血再灌注损伤的保护作用[J]. 时珍国医国药，16（5）：414-416.

侯庆昌，张繁，董兆文，1998. 5种抗菌中药体外抗衣原体活性研究[J]. 中国计划生育学杂志（5）：200-201，237.

侯艳宁，朱秀媛，程桂芳，2000. 黄芩苷的抗炎机理[J]. 药学学报，25（3）：161-164.

黄海量，2012. 中药虎杖药理作用研究进展[J]. 西部中医药，25（4）：100-103.

江庆澜，马军，徐邦牢，等，2005. 虎杖水提液对非酒精性脂肪肝人鼠的干预效果[J]. 广州医药，36（3）：57-59.

金晓凤，徐正衸，王万铁，等，2008. 虎杖苷下调兔肺缺血再灌注损伤时TLR4的表达[J]. 中国病理生理杂志，24（4）：666-669.

李宝山，巴根那，张昕原，等，1998. 地锦草总黄酮抗氧化作用的研究[J]. 时珍国医国药（4）：44-45.

李建生，1999. 中医药抗内毒素损伤的试验研究进展（二）[J]. 河南中医（4）：66-69.

李林苹，2021. 中兽药在猪疾病防治中的应用现状[J]. 畜禽业，32（6）：102，104.

李曙光，叶再元，2008. 穿心莲内酯的药理活性作用[J]. 中华中医药学刊（5）：984-986.

李玉祥，樊华，张劲松，等，1999. 中草药抗癌的体外试验[J]. 中国药科大学学报（1）：39-44.

林菁，1996. 小檗碱对K562细胞生长的抑制作用[J]. 福建医学院学报（4）：309-312.

林立波，2020. 鸡腹膜炎的病理鉴别诊断要点构架[J]. 畜牧业环境（2）：92.

刘立富，2021. 中兽药用于家禽养殖中的作用研究[J]. 中兽医学杂志（8）：83-84.

刘龙涛，吴敏，张文高，等，2009. 虎杖苷对颈动脉粥样硬化斑块稳定性的干预研究[J]. 北京中医药，28（3）：172-175.

刘诗柱，郭全海，毕艳君，等，2020. 减抗限抗禁抗形势下的蛋鸡疫病防控新方案[J]. 当代畜牧（1）：8-11.

刘月月，殷斌，解云辉，等，2020. 禽用中兽药的研究与应用现状[J]. 家禽科学（11）：53-58.

柳润辉，王汉波，孔令义，2001. 地锦草化学成分的研究[J]. 中草药（2）：13-14.

卢春凤，王丽敏，陈廷玉，2003. 黄芩素和黄芩苷对四氯化碳所致肝脏损伤大鼠转氨酶的影响[J]. 黑龙江医药科学，26（4）：50-51.

伦志伟，白东东，梁爱军，等，2022. 锦心口服液和恩诺沙星注射液治疗犊牛腹泻临床效果分析[J]. 兽医导刊（3）：1-3.

罗侦，林天颖，王熙然，等，2021. 中兽药在肉鸡养殖中的应用研究进展[J]. 饲料研究，44（22）：134-136.

骆苏芳，金行中，叶建锋，等，1999. 虎杖有效成分3-4′-5-三羟基芪-3-β-D葡萄糖苷的研究进展[J]. 中国药理与毒理学杂志，13（1）：1.

宁官保，牛艺儒，张鼎，等，2015. 鸡源大肠杆菌耐药性分析及中药对大肠杆菌耐药性消除作用的研究[J]. 畜牧兽医学报，46（6）：1018-1025.

秦俭，陈运贞，周岐新，等，2005. 虎杖对高脂血症动脉粥样硬化兔NOS系统的在体干预[J]. 重庆医科大学学报，30（4）：501-504.

秦倩倩，付本懂，伊鹏霏，等，2013. 穿心莲内酯提高异嗜性粒细胞吞噬和杀伤鸡大肠杆菌O78功能的体外试验[J]. 中国兽医学报，33（1）：38-42.

佘永红，周顺，2011. HPLC法测定地锦草灌肠液中没食子酸的含量[J]. 中医药导报，17（6）：93-94.

宋静荣，2008. 虎杖提取物对去势大鼠雌激素的影响[J]. 中国妇幼保健，23（28）：4029-4031.

宋康，骆仙芳，石亚杰，等，2006. 虎杖对肺纤维化大鼠Th1/Th2细胞因子干预作用的实验研究[J]. 中华中医药杂志，21（12）：781-783.

孙振华，1999. 莲必治促进人淋巴细胞生长的实验研究[M]∥徐立春. 中国现代实用医药. 成都：成都科技大学出版社：108.

王斌，侯建平，李敏，等，2008. 虎杖提取物对急性痛风性关节炎大鼠血清PGE2水平的影响[J]. 中国中医基础医学杂志，14（12）：944-945.

王辉，张冰，杨再刚，等，2008. 虎杖对肾上腺素及四氧嘧啶所致高血糖模型的影响[J]. 中医研究，21（9）：5-7.

王筠默，2002. 中药十大功劳的研究[J]. 中医药研究（5）：45.

王思芦，杨柳，曾中良，等，2008. 中药消除致病性大肠杆菌耐药性研究进展[J]. 中国畜牧兽医（10）：79-81.

王银龙，2022. 甘胆口服液治疗肉鸡多病因支气管堵塞病症的疗效及机理初探[D]. 扬州：

扬州大学.

吴蕾，2020. 减抗背景下中草药在饲料方面的应用及存在问题[J]. 中国畜牧杂志，56（10）：190-193.

伍晓春，陆豫，2005. 虎杖的药理作用及临床应用研究进展[J]. 中医药信息（2）：22-25.

邢玉娟，李福元，侯晓礁，等，2018. 锦心口服液体外抗菌及对种鸡肠炎的治疗效果[J]. 黑龙江畜牧兽医（23）：180-182.

杨玲，邱丽君，周琪，等，2008. 虎杖对栓塞性肺动脉高压动物的作用[J]. 中国血液流变学杂志，18（1）：24-26.

杨小勇，2019. 减抗形势下家禽常发病的抗生素应用要谨慎[J]. 北方牧业（3）：15-16.

杨秀芳，吴明鑫，2008. 虎杖中α-葡萄糖苷酶抑制剂的初步研究[J]. 中成药，30（1）：4-6.

于柏艳，孙抒，金华，等，2008. 虎杖粗提物对人肺癌A549细胞株诱导凋亡作用的形态学观察[J]. 山东医药，48（19）：118-120.

曾祥英，劳邦盛，董玉莲，等，2003. 十大功劳中异汉防己碱的提取与分析[J]. 分析测试学报，（06）：89-91.

张博，2018. 中药在家禽无抗养殖中的应用[J]. 中国动物保健，20（4）：9.

张骅，刘琨，张民，等，2009. 虎杖对脂多糖诱导大鼠急性肺损伤的治疗作用[J]. 中国老年学杂志，29（2）：146-149.

张莉，陈丽园，李瑞，2022. 减抗背景下中兽药在畜禽养殖中的应用研究[J]. 安徽农学通报，28（11）：75-77，82.

张婷婷，2019. 家禽卵黄性腹膜炎的防治[J]. 中兽医学杂志（5）：70.

张文婷，汪琛，张腾飞，等，2019. 无抗养殖趋势下的家禽细菌病防控[J]. 中国家禽，41（22）：1-4.

张霞，吴迪，王家泰，等，2000. 穿心莲破坏内毒素作用的体外试验研究[J]. 中国中西医结合急救杂志（4）：212-214.

张兴燊，2006. 虎杖水煎液对烫伤大鼠治疗作用的实验研究[J]. 时珍国医国药，17（12）：2413-2414.

张秀英，高光，段文龙，等，2012. 十大功劳对大肠杆菌耐药性的消除作用[J]. 中国兽医学报，32（1）：108-110.

张瑶珍，唐锦治，张玉金，等，1994. 穿心莲提取物抗血小板聚集与释放作用及其机理的研究[J]. 中国中西医结合杂志（1）：28-30，34.

赵金波，高圣玥，宋岩，等，2021. 论养殖业"减抗"背景下无抗替代品与畜产品安全[J]. 现代畜牧科技（4）：72-73，81.

赵铁华，杨鹤松，邓淑华，等，2001. 黄芩茎叶总黄酮解热作用的实验研究[J]. 中国中医药科技，8（3）：174-175.

朱希伟，1986. 小檗碱抗肿瘤作用的实验研究[J]. 中西医综合杂志，6（10）：611-613.

CERNAKOVA M，KOSTALOVA D，2002. Antimicrobial activity of berberine：a constituent of *Mahonia aquifolium*[J]. Folia Microbiologica，47（4）：375-378.

CHEN Q M，1986. Studies on effects of lowering blood glucose of rhizomacoptidis and berberine[J]. Acta Pharmacologica Sinica，21（6）：401.

KITAMURA K，HONDA M，YOSHIZAKI H，et al.，1998. Baicalin，an inhibitor of HIV-1 production in vitro[J]. Antiviral Research，37（2）：131-140.

LIN H L，LIU T Y，WU C W，1999. Berberine modulates expression of *mdrl* gene produce and responses of digestive track cancer cell to Paclitaxel[J]. British Journal of cancer，81（3）：416-422.

SANDERS M M，LIU A A，LI T K，1998. Selective cytotoxicity of topoisomerase directeed protoberberines against glioblastoma cells[J]. Biochemical Pharmacology，56（9）：1157-1166.

VOLLEKOVA A，KOST'ALOVA D，KETTMANN V，et al.，2003. Antifungal activity of *Mahonia aquifolium* extract and its major protoberberine alkaloids[J]. Phytotherapy Research：PTR. 17（7）：834-7.

ZHAO H R，JI Q F，WANG M S，1993. Studies on constituents of roots of *Chimonanthus Praecox*[J]. Journal of China Pharmaceutical University，24（2）：76-77.